视频序列中的
行为识别建模研究

徐勤军 ◎ 著

吉林大学出版社

· 长春 ·

图书在版编目（ＣＩＰ）数据

视频序列中的行为识别建模研究 / 徐勤军著. -- 长
春：吉林大学出版社，2021.10
ISBN 978-7-5692-9103-2

Ⅰ．①视… Ⅱ．①徐… Ⅲ．①图像识别－系统建模－
研究 Ⅳ．①TP391.413

中国版本图书馆CIP数据核字（2021）第210785号

书　　名：视频序列中的行为识别建模研究
　　　　　SHIPIN XULIE ZHONG DE XINGWEI SHIBIE JIANMO YANJIU

作　　者：徐勤军 著
策划编辑：李伟华
责任编辑：赵黎黎
责任校对：甄志忠
装帧设计：中北传媒
出版发行：吉林大学出版社
社　　址：长春市人民大街4059号
邮政编码：130021
发行电话：0431-89580028/29/21
网　　址：http://www.jlup.com.cn
电子邮箱：jldxcbs@sina.com
印　　刷：廊坊市海涛印刷有限公司
开　　本：710mm×1000mm　1/16
印　　张：12
字　　数：130千字
版　　次：2022年4月　第1版
印　　次：2022年4月　第1次
书　　号：ISBN 978-7-5692-9103-2
定　　价：58.00元

前　言

　　视频序列中的行为识别应用广泛，是当前计算机视觉研究领域的一个热点。行为识别研究在受控场景下已经取得很大进展，但在复杂场景下，还存在着诸多挑战，如何在嘈杂的真实场景下，寻求有效的行为特征表示，以及高效的、鲁棒的、能满足实时处理要求的机器识别算法，将是较长时期内所追求的目标。

　　本书围绕视频序列中的行为识别问题展开，在手工设计特征的基础上，做了以下几个方面的工作。

　　（1）概率隐含语义分析模型通过挖掘隐含于众多特征点间的共现模式，提取中间层的语义描述来表示视频中的行为，增强了特征的判别性。为了进一步提升模型的识别性能，本书着重研究了不同编码方法联合归一化方法对于分类性能的影响，采用稀疏时空特征时局域软分配编码结合指数归一化方法大幅提升了识别性能；还考察了主成分分析预处理原始特征对于性能的影响，在显著降低特征维度进而降低计算量的同时，当特征包含较多噪声成分的情况下性能甚至会有所提升。在 KTH 和 UT-interaction 数据库上的实验表明，编码和归一化方法的适当组合可以显著提高模型的性能。在 UT-interaction 数据库的两个子集上识别精度分别达到了当前最好的结果 96.44%、95%，其中在数据集 1 上采用稀疏的时空兴趣点特征，得到了 94.24% 的识别精度。

　　（2）行为相似性识别着重研究动作之间是否相似，因何相似，这有助于更深入地理解视频中的行为，也为跨数据库的识别提供了新的思路。本书提出了过完备稀疏编码的行为相似识别方法，首先通过高斯混合模型对训练集中抽样得到的特征子集进行训练，然后针对每一个混合模型分量，学习得到子码本，综合各分量的码本即得到超完备的码本集；对特征编码时，先对特征利用高斯混合模型进行分类，为了保留更多的特征信息，采用软分配的方法，保留概率最大的三个分量，并对三个概率分量归一化；对归属于混合模型的各个分量的特征，采用相对应的码本进行稀疏编码；最后采用支持向量机进行分类识别。该方法通过高斯混合模型来学习特征空间的子流形结构，在每一个分量上，用相对较小规模的字典来编码特征，既降低了对于运算能力的要求，又提升了对于行为的描述能力，在ASLAN 行为相似数据库上的实验验证了本书所提方法的有效性。

（3）针对局域聚合描述符向量编码采用硬量化方法带来的信息损失问题以及费舍尔向量编码只统计了特征一阶、二阶统计量，本书提出了两种改进方法。首先探讨了主成分分析预处理特征对编码性能的影响，在此基础上，提出了两种改进方法。一是采用两种软分配方法替代向量量化的硬编码方法，提出了软分配版本的局域聚合描述符向量方法，提升了局域聚合描述符向量编码的性能；二是由于特征分布的高阶矩统计量提供了有关特征的更多信息，将特征的高阶矩统计量融入费舍尔向量的编码中，提出了联合高阶矩的特征编码方法。在 KTH、UT、UCF sports 及 UCF101 数据库上的实验验证了本书所提方法的有效性。

（4）特征间的时空关系包含了丰富的信息，这对于提升视频中的行为识别性能是很重要的。为此，本书将特征间的时空信息统计融入超向量编码中，提出了基于时空信息的超向量编码行为识别方法。首先，提取特征的时空信息点，根据时空信息点的位置坐标进行聚类，将特征点分割为时空体；在每一个时空体中，采用费舍尔向量、各类高阶统计矩来统计局部特征点集的分布特性；最后联合全局的费舍尔向量编码组成视频的超向量表示。本书所提方法联合了特征点在全局和局域的分布特性，将特征间的时空关系纳入编码中，在 KTH、UCF sports 以及 UCF101 数据库上的实验取得了较好的识别率，其中在 UCF101 数据库上取得了比基于深度学习方法更高的识别精度。

本书涵盖了笔者博士期间的研究成果，可作为计算机视觉研究方向相关专业硕士、博士及相关研究人员的参考书。

由于个人水平有限，书中难免会出现错漏和不妥之处，敬请指正！

徐勤军

2021 年 8 月 20 日

目 录

缩略词注释表

BoW	bag of words	单词包
C3D	convolutional 3D network	三维卷积神经网络
CNNs	convolutional neural networks	卷积神经网络
CRF	conditional random field	条件随机场
DT	dense trajectorie	密集轨迹
FV	Fisher vector	费舍尔向量
GMM	Gaussian mixture model	高斯混合模型
HAR	human activity recognition	人体行为识别
HG	hierarchical Gaussianization	层次高斯化
HMM	hidden Markov model	隐马尔可夫模型
HNF	histogram of gradient and optic flow	梯度和光流直方图
HoG	histogram of oriented gradient	梯度方向直方图
HoF	histogram of optical flow	光流直方图
KNN	K nearest neighbor	K 最近邻
ICA	independent component analysis	独立成分分析
LCC	local coordinate coding	局域坐标编码
LDA	latent Dirichlet allocation	隐含狄利克雷指派
LLC	locality-constrained linear encoding	局域约束线性编码
LSA	localized soft assignment	局域软分配
MBH	motion boundary histogram	运动边缘直方图

MEI	motion-energy image	运动能量图
MHI	motion-history image	运动历史图
MKL	multiple kernel learning	多核学习
MRF	Markovian random field	马尔可夫随机场
OMP	ortHoGonal matching pursuit	正交匹配追踪
PCA	principal component analysis	主成分分析
pLSA	probabilistic latent semantic analysis 概率隐含语义分析	
SA	soft assignment	软分配
SC	sparse coding	稀疏编码
SpLSA	structural probabilistic latent semantic analysis 结构概率隐含语义分析	
STIPs	spatial temporal interesting points	时空兴趣点
SURF	speeded up robust features	加速鲁棒特征
SVM	support vector machine	支持向量机
VLAD	vector of locally aggregated descriptors 局域聚合描述符向量	
VQ	vector quantization	向量量化

第一章 绪 论

一、研究背景与意义

斯坦福大学的 Li Fei-Fei 曾说过："If we want our machines to think, we need to teach them to see." 让机器学会看，获取外部环境的信息，对视频信号的语义信息进行提取，是人工智能处理信息输入时的首要任务，这对于人工智能的成功应用不可或缺。视频序列中的行为识别研究，由于应用广泛，在人工智能的相关研究领域是一个研究热点[1-6]。最近几十年来，随着半导体行业飞速发展，电子产品的性价比越来越高，各类视频摄像终端尤其是智能手机已经非常普及，硬件存储的价格也非常低廉，这使得多媒体信息流呈指数式增长。在大量的视频信息流面前，如何在尽量少的人工干预下对海量视频信息进行高效自动的处理，从中挖掘有用的信息，甚至从大规模的视频数据中发现关联的信息，检测和识别出感兴趣的目标和行为，已成为当前图像处理和计算机视觉研究领域的一个热门课题。

  人工智能相关领域的发展，为应对当代社会的诸多挑战，尤其是世界一些国家面临的人口日益老龄化的难题，提供了一条现实的路径。现代社会，尤其是进入 21 世纪以来，伴随着科技进步和经济的快速发展，以及国民教育水平的提升，许多国家，尤其是发达国家面临着严峻的人口问题，即生育率逐渐走低，老龄化问题越来越严重，在非移民国家如日本，除了老年人口日益增多，总体人口规模甚至开始出现下降。根据日本政府公布的 2015 年国情调查结果，包含居留的外国人的总人口为 127 110 047 人，比上次的调查结果（2010 年）减少 0.7%，即 94.7 万人[①]。我国的人口问题，面临着更严峻的局面，几十年的计划生育政策，使得我国人口结构失调，未来几十年内，人口老龄化将急剧加深，老龄化社会的局面将是我们不得不面对的挑战。

  科技的发展和进步，尤其是近年来人工智能领域的突飞猛进，为应对老龄化等种种社会问题带来了希望，世界主要国家不约而同地将大力发展人工智能放在优先考虑的位置，制定了一系列政策来发展人工智能。2016 年 5 月，国务院发布了《"互联网+"人工智能 3 年行动实施方案》，明确提出到 2018 年，"形成千亿级的人工智能市场应用规模"。2016 年 10 月奥巴马政府发布了 3 份推进人工智能发展的策略报告[②]:《为人工智能的未来做好准备》(Preparing for the Future of Artificial Intelligence)，

---

  ① https://wallstreetcn.com/articles/230629

  ② https://obamawhitehouse.archives.gov/blog/2016/10/12/administrations-report-future-artificial-intelligence

《国家人工智能研发战略计划》（National Artificial Intelligence Research and Development Strategic Plan），《人工智能、自动化与经济》（Artificial Intelligence，Automation，and the Economy），这将人工智能的研发提升到了国家战略的层次，规范了联邦资金对人工智能相关研究的资助。2017年3月，日本政府"人工智能技术战略会议"为人工智能的产业化制定了路线图，计划分阶段在制造业、医疗看护业、物流业等行业推进人工智能的应用。日本丰田、NEC和日本理化学研究所等多家企业机构在东京都内建立研究基地，就各种场景下的人工智能相关技术联合开展基础性研究。2017年7月8日，国务院印发了《新一代人工智能发展规划》，2017年12月，为了推动人工智能与制造业等实体经济深度融合，工业和信息化部发布了《促进新一代人工智能产业发展三年行动计划（2018—2020年）》，为提升经济质量和效率，拟在联合信息技术与制造技术的基础上，重点发展人工智能相关技术的产业化应用，提高人工智能技术在制造业的深度应用。

在产业界，著名IT跨国企业如谷歌、Facebook、微软、IBM等，国内的百度、阿里巴巴、腾讯等都将发展人工智能作为核心战略，持续投入相当多的资源，力图在该领域抢占制高点。大数据技术、GPU服务器与高性能计算机的迅猛发展，逐步缩短了产业与学术的距离，据相关领域专家预测，未来几年内人工智能应用与产业的发展将进入爆发期。

人工智能在各个行业有着广泛的应用前景，具体到视频序列的行为识别研究，作为人工智能领域的热点研究课题，其在诸如视频监控、人机交互、医疗看护、自动驾驶、视频检索等领域有着广泛的应用前景，这进一步促进了对行为识别的研究。

（1）安保领域的应用。当前社会面临着许多安全方面的挑战，视频监控作为一种技术手段，对于预防犯罪以及事后侦破起着重要的作用。但是，在许多场景下，所谓的监控只起到存贮的功能，只能人工查找。让计算机自动分析视频中的各类人体行为，包括异常行为的探测和定位[7]，无疑是非常重要的。

（2）医疗、看护行业的应用。随着社会老龄化的日益加剧，对医疗、看护行业的需求愈来愈多，但是人手却越来越短缺。利用人工智能系统的帮助来减轻医务人员的工作负担，是一个经济可行的方向。例如，视频行为识别中的异常行为检测，可用于监测医护场景中的病人突发事件，比如"摔倒"，检测到异常行为后即可报警求助，这就可以显著节省人力成本。

（3）人－机交互的应用。随着各行各业自动化水平的提升以及机器人在工业等领域越来越多的应用，人－机交互显得越来越重要。在早期的应用中，让机器人识别手势指令即可。而在复杂场景下，人－机交互就需要让计算机系统识别分析人的复杂行为，并结合语音识别来理解人的意图，进而做出相应的决策，如何改进算法使得人－机交互更顺畅并能在交互中自我学习是该领域的重要研究课题。

（4）自动驾驶领域的应用。自动驾驶是人工智能的一个典型的应用，由于有着广阔的应用前景，世界知名企业谷歌、特斯拉、百度等都投入巨资研究相关技术。其中，对于捕捉到的视频的实时处理，对整个系统尤其是安全性的保障方面是至关重要的。比如，如何判断视频中的一个物体是塑料袋还是石块，视频中行人的行为分析以及预测，这些是决定采取行动的一个基础。

（5）视频检索领域的应用。随着半导体硬件的发展，视频的拍摄日益便捷和廉价，这使得无论在个人应用还是在诸如医疗、安保以及教育等应用场景中，海量的视频使得人工标记和分析变得不可能，采用计算机技术检索成为必然的选择。目前，对于图片的标记和检索已经比较成熟了，比如在个人图像的检索中，谷歌公司提供的应用已经可以自动标记图像的拍摄地点以及图像内容等，但是视频中的语义检索，由于拍摄场景、视角以及相机抖动等原因而困难很多，并且视频处理的数据量相比静态图片增加很多，这对于算法的实时性处理提出了更高的要求。

二、国内外研究现状

在视频中行为识别研究广阔的应用前景驱动下，世界知名大学的相关研究机构、IT 业科技巨头均投入了大量资源应对相关挑战。在相关研究领域，引起广泛关注的研究组有美国斯坦福大学的 Li Fei-Fei 领导的视觉研究实验室[1]、加州大学洛杉矶分校的视觉实验室[2]、中佛罗里达大学的

---

① http://vision.stanford.edu/

② http://vision.ucla.edu/

Murphy 实验室 [①]、加州大学伯克利分校人工智能实验室 [②]、麻省理工学院的计算机与人工智能实验室 [③];中国中科院深圳研究院乔宇领导的多媒体研究中心;以色列维茨曼科学研究院 [④] 计算机视觉与图像研究组;瑞典皇家理工学院 [⑤];法国 INRIA 研究院 [⑥] 等。在工业界,人工智能的研究日益深化,并已经有实际的应用,如在自动驾驶领域,走在前列的有特斯拉、谷歌以及百度等巨型企业,亚马逊在智能物流方面取得了很大进展,采用机器人在配送中心帮助运送产品,并已经实现了无人机送货服务,以上应用都需要对于视频的内容进行分析以便于后续的决策,这对于视频中的行为分析提出了更高的要求,进一步推动了相关研究的进行。在计算机视觉领域著名的国际会议有 ICCV(International Conference of Computer Vision)、CVPR(International Conference of Computer Vision and Pattern Recognition)、ECCV(Europe Conference of Computer Vision)、BCCV(British Conference of Computer Vision)及 ICPR(International Conference of Pattern Recognition)等,是发布相关研究最新成果的盛会,吸引了众多研究人员参会。在会议期间,关于目标识别、跟踪和行为识别的竞赛同期举行,竞赛不但吸引了众多业界知名研究机构参与,许多世界科技巨头如微软、谷歌、Facebook、百度等也组队参赛。客观上这几个大赛成为各个

---

① http://murphylab.web.cmu.edu/

② http://bair.berkeley.edu/

③ https://www.csail.mit.edu/

④ http://www.wisdom.weizmann.ac.il/~vision/MorossLab/

⑤ https://www.kth.se/eecs

⑥ https://www.inria.fr/

研究机构公开检验研究成果的试金石，为后续的算法研究提供了性能对照基准，也吸引了公众的关注，大力推动了相关领域的研究和发展。

目前，静态图像的分类识别研究取得了很大进展，2009 年 Li Fei-Fei 领导的 ImageNet 项目[8, 9]建立了超大规模的静态图像数据库，现在已经累积了 14 197 122 个图片样本，包含 21 841 个同义词集索引，每年轮流在几个计算机视觉领域顶级的国际会议上（CVPR、ECCV、ICCV）举办 ImageNet 大规模视觉识别挑战赛（ILSVRC：ImageNet Large Scale Visual Recognition Challenge），成为检验各类识别算法的基准。

相对于静态图像的识别，在视频序列中的行为分析显然复杂很多。首先，视频处理的数据量很大，对于计算资源的要求相对较高，也对算法的优化提出了更高的要求；其次，对于视频的标注，比之图片而言有着更多的歧义性，准确标注耗费较高；视频序列帧间的时空信息，对于理解视频的行为是很重要的；在真实视频场景中，背景嘈杂，遮挡问题使得前景、背景分离很困难，并且复杂的行为识别依赖于场景上下文，还有拍摄视角跨度大等，这都大幅增加了视频中的行为识别的难度。

如图 1-1 所示，视频中行为识别的一般流程为：①从视频中提取特征，并采用诸如 3D-SIFT、HoG、HoF、MBH、SURF 等描述符[3]来得到特征表示；②对特征进行预处理，一般采用主成分分析方法进行降维和白化处理，在降低噪声的同时也减少对计算资源的消耗；③采用各种学习算法，如主题模型、迁移学习等学习关于不同行为的模型，得到每个视频样本的表示；④在分类识别阶段，一般采用支持向量机等方法对未知样本进行分类识别。其中，底层特征的提取是整个识别任务的基础，在一定程度上决定了识别的性能，而底层特征与高层语义存在着巨大的"语义鸿沟"，各类学习算法的目的就是在底层特征表示的基础上建模更高层的行为表示，以期建立底层特征与高层语义的联系。如何结合底层特征表示与学习算法取得更优的识别率，是研究人员在较长时期内追求的目标。

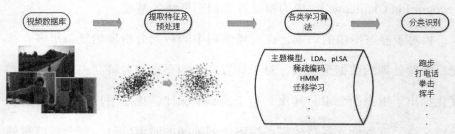

图 1–1　视频中行为识别的一般流程图

目前，已有一些关于行为识别方面的综述文献。Cristani 等[10] 针对行为的自动监控从社会信号处理（social signal process）的角度综述了在监控领域的最新研究进展，以及面临的挑战，并指出计算机技术和社会学理论的交叉可能会提供有效的研究策略。Peng 等[6] 综述了在行为识别的单词包模型框架下，各类特征融合算法对于识别精度的影响。Sargano 等[2] 总结了人工设计的特征表示方法和以深度学习为基础的方法在行为识别中的应用，由于行为识别的深度学习方法存在着诸如计算复杂等瓶颈，人工设计的表示方法仍然有着广泛的应用，但在复杂场景下深度学习在性能方面有较大的潜力。

接下来我们主要从特征表示以及识别学习算法两个方面对行为识别的最新进展进行综合分析。

（一）行为识别的特征表示

如何表示视频中的行为是行为识别研究的核心问题，一定程度上决定了识别性能的优劣。目前存在着许多特征表示方法，根据特征的来源不同可分为两类：手工设计（handcrafted）的特征、从样本中学习得到的特征。所谓手工设计的特征，是指根据人的视觉原理由研究专家设计的特征，目前仍然在广泛应用的特征如 3D-SIFT、HoG 等均属此类。而从样本中学习得到的特征，则是没有事先的特征设计，在训练样本中通过各类学习算法直接寻找适合的特征表示，其中深度学习方法由于其优异的性能成为学习特征的主流方法。基于此，以下将综述手工设计特征以及深度学习特征。

1.手工设计的特征

手工设计的底层特征一般是采用密集采样或者各类探测器函数寻找特征点，然后采用从静态图像的目标识别等领域扩展到时空三维的特征描述符诸如 3D-SIFT、HoG 等来描述特征点的有关梯度变化等信息。早期的行为识别，大都直接利用底层特征进行分类识别，对于简单行为的识别而言，底层特征具有很好的描述能力，但对真实场景下的复杂行为建模则存在困难。

在底层特征之上可建构更高级的中层特征以及高层的元动作表示，如图 1-2 所示。中层特征则建构在底层特征的基础上，通过各类学习算法挖掘潜在的抽象信息、特征间的共现统计等，来表示视频中的行为，如通过聚类在底层特征的基础上产生中层特征表示[11]，可以用来表示复杂场景下的行为；对于持续时间较长的复杂行为，则可分解为前后相连的几个元动作，或者将行为分解为相关肢体的动作，这些元动作，具有初步的语义含义，可视为更高层的语义特征，可用以建模长时间的复杂行为。

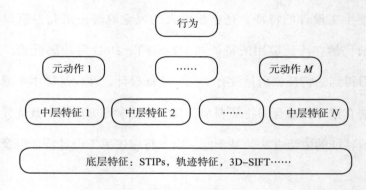

图 1-2　特征层次图

目前来看，没有一个适用广泛的特征能够在所有的识别任务中均表现出色，一般来说特征表示的选择与具体的识别任务是相关的，如何找到合适的特征来表示要识别的行为，是行为识别的关键步骤。

（1）底层特征。

早期的视频行为识别，一个自然的方法即通过建模人的三维模型来描述行为[12]。Rohr 等[12]采用 Kalman 滤波得到了行为人的三维姿态的平滑估计，来描述图像序列中的人的行为。在视频中准确建模人体行为是不现实的，也是不适用的，其计算复杂度过高，并且通常现实场景中总是存在着遮挡、背景嘈杂等问题，且人的行为是复杂多变的，同一行为的类间差异较大，因此不适用于真实场景中的行为识别。

目前广泛采用的特征可以分为两类：全局特征和局部特征。所谓全局特征，就是抽取人体行为的整体表示，即将人体作为一个整体的区域来描述，这就需要通过跟踪或者前景、背景分离等方法从视频中把人体分离出来。Bobick 等[13]从视频序列中提取出剪影序列并将帧间的差异集合起来用运动能量图（MEI：motion-energy images）、运动历史图（MHI：motion-history images）来表示视频中的行为，MEI 模板通过二值图像的形状描述了行为发生的位置和视角信息，而 MHI 模板则描述了行为在图像序列中的变化。为了利用剪影包含的关于物体形状的丰富信息，Gorelick 等[14]赋予剪影中的每一个内点一个值标明从这个点随机游动到达边界的平均时间，通过求解 Poisson 方程来可靠地抽取各类形状特征包括部分结构和粗略的骨架、局部取向和不同部分的比例、边界的顶点和凹陷部分。在此基础上，Blank 等[15]将视频序列中人的动作看成一个移动的躯干和处于铰接运动的突出的四肢的轮廓，采用了 Poisson 方程的解以抽取时空特征，如局域时空角点、动作动力学特征以及形状结构和取向，提取特征的方法比较快，不需要视频对准，可以应用于但不局限于背景已知的情况下，实验表明该方法对于局部遮挡、非刚性变形、尺度和视角有显著变化、动作不规则等低品质视频的情况有更好的鲁棒性。

将剪影用于分类动作的前提是，人体运动可以表示为一系列连续的动作序列，这类方法建立在背景分割的基础之上。上述表示方法实际上可归为全局特征表示，在 KTH 数据库、Weizmann 数据库等背景比较简单的情况下，前景、背景分离没什么问题，但在背景嘈杂且存在遮挡的情况下，就很困难了。

与上述全局特征以人体为整体描述目标不同，局部时空特征，根据人的视觉原理，针对的是能够引起视觉注意的局域如角点、边缘等，一般指通过探测器，如将静态图像的 Harris 角点探测器扩展到三维时空的视频中，去寻找时空兴趣点，并采用诸如 HoG、HoF、MBH 等描述符来表示时空兴趣点。由于可以捕捉视频中的形状和运动特征，且独立于时空的漂移和尺度变化，这些特征一般直接从视频中抽取，避免了运动分割、跟踪等预处理，因此得到广泛的应用。

根据选择时空兴趣点的方法的不同，当前主流的方法可以分为时空兴趣点特征、轨迹特征。局域时空特征点的特征探测通常通过最大化特定的显著性函数来选择时空定位和尺度，不同的探测器通常在选择的点的类型和稀疏性上有很大不同。特征描述符在所选兴趣点的邻域内，用诸如空间或者时空图像梯度或者光流等度量来捕捉形状和运动特征。时空兴趣点特征主要方法有：

① Harris3D 探测器。Laptev 等 [16] 在静态图像检测角点的 Harris 探测器基础上在三维时空上做了拓展，视频中的兴趣点在时域和空间域的维度上都有较大的变化，即不但在帧内是角点，在时域上也是不连续变化的。首先计算一个二阶矩矩阵：

$$\mu = g\left(\cdot; \sigma_i^2, \tau_i^2\right) * \begin{pmatrix} L_x^2 & L_x L_y & L_x L_t \\ L_x L_y & L_y^2 & L_y L_t \\ L_x L_t & L_y L_t & L_t^2 \end{pmatrix} \qquad （1-1）$$

在公式（1-1）中：$g\left(.; \sigma_i^2, \tau_i^2\right)$ 为高斯核函数；$L_\xi = \partial_\xi\left(g * f\right)$；$f$ 为视频的灰度值函数；σ_i，τ_i 分别为空间尺度和时间尺度因子。然后通过局域最大化 $H = \det\left(\mu\right) - \kappa\, \mathrm{trace}^3\left(\mu\right)$ 定位兴趣点。

② Cuboid 探测器。Laptev 等[16] 采用的方法探测到的兴趣点数目较少，并且 Dollar 等[17] 指出直接将静态图像中的二维探测器扩展到三维的视频中探测时空兴趣点是不够的，因为真正的时空角点相当稀疏，且视频的时间域与空间域是不同的，需要单独处理。在时域 Gabor 滤波器的基础上提出了 Cuboid 探测器，响应函数如式（1-2）所示：

$$R = (I * g * h_{ev})^2 + (I * g * h_{od})^2 \qquad （1-2）$$

式中：$g(x, y; \sigma)$ 是二维 Gaussian 平滑核函数，只应用在空间域内；h_{ev}、h_{od} 是一维 Gabor 滤波器正交函数对，只应用在时间域内。

$$h_{ev}(t; \tau, \omega) = -\cos(2\pi t\omega)\mathrm{e}^{-t^2/\tau^2} \qquad （1-3）$$

$$h_{ev}(t; \tau, \omega) = -\sin(2\pi t\omega)\mathrm{e}^{-t^2/\tau^2} \qquad （1-4）$$

式中：σ、τ 分别对应探测器的空间、时间尺度，ω 一般取 $4/\tau$。Dollar 认为基于空间兴趣点的图像目标识别很好地处理了由被嘈杂背景和不完美检测器发掘的噪声特征，因此在检测器设置时通过改变时空邻域的大小调节特征的数目以产生更多的特征点。

③ Hessian 探测器。在斑点（blob）检测[18] 基础上，Willems 等[19] 应用尺度空间理论，采用 Hessian 矩阵的行列式作为显著性度量，提出与空

间、时间尺度不变的时空兴趣点表示并密集覆盖整个视频。首先采用高斯核函数卷积视频信号 $f(\cdot)$，得到时空尺度空间表示：

$$L(\cdot;\sigma^2,\tau^2) = g(\cdot;\sigma^2,\tau^2)*f(\cdot) \qquad (1-5)$$

Hessian 矩阵为

$$H(\cdot;\sigma^2,\tau^2) = \begin{pmatrix} L_{xx} & L_{xy} & L_{xt} \\ L_{yx} & L_{yy} & L_{yt} \\ L_{tx} & L_{ty} & L_{tt} \end{pmatrix} \qquad (1-6)$$

在特定尺度上的兴趣点的强度决定于式（1-7）：

$$S=| \det(H) | \qquad (1-7)$$

通过计算式（1-7）的行列式的数值，可将兴趣点的定位和尺度选择合并在一起进行，避免了迭代运算，从而提高了计算效率。

④密集采样（dense sampling）方法。Li Fei-Fei[21] 在静止图像的场景理解研究中首次采用了密集采样方法。Jurie 等 [22] 在目标识别的研究表明密集采样优于兴趣点方法。所谓密集采样，即把一帧图像按照不同的尺度分为若干个图像块，然后才提取特征。

Wang 等 [23] 在统一的实验条件下评估和比较了已有的时空特征的性能，令人感兴趣的是，时空特征的密集采样方法的性能超过了所有时空兴趣点探测的性能。特征多了，对于视频中的行为表示信息也丰富了，可在一定程度上提升对于行为表示的判别力，但冗余成分的增加，也相应增加了计算的复杂度。

与上述时空兴趣点特征不同，轨迹特征通过特征点的运动轨迹来描述视频中的行为。Wang 等 [24] 指出，视频的二维空间域与时间域的特性是截然不同的，所以跟踪时间域的特征点相比较于探测时空兴趣点是一个更好的选择。受图像识别中密集采样取得的成就所启发，他们采用了密集采样的轨迹而不是 KLT 跟踪器（Kanade-Lucas-Tomasi feature tracker）来捕捉运动信息。通过跟踪密集采样的特征点，多尺度的密集轨迹被提取了出来。在光流场 ω 中，第 t 帧的采样点 $P_t = (x_t, y_t)$ 通过中值滤波器被跟踪到第 t+1 帧。

$$P_t = \left(x_{t+1}, y_{t+1}\right) = \left(x_t, y_t\right) + \left(M \times \omega\right)\big|_{\left(\overline{x}_t, \overline{y}_t\right)} \qquad （1-8）$$

式中：M 是滤波核函数；$\left(\overline{x}_t, \overline{y}_t\right)$ 是 (x_t, y_t) 的近似位置。沿着密集轨迹计算运动边界，将相关运动从背景中分离出来，视频表示包含了轨迹形状、外观以及运动信息等内容，这使得其特征具有较强的表现力和鲁棒性，在多数数据库中表现出了较高的判别性能。

在探测到时空兴趣点或者跟踪到轨迹后，采用主流的局部特征描述符来描述对应的视频图像块：Cuboid 描述符[17]、HoG/HoF/HNF[16]、HoG3D[25]、ESURF（extended SURF）[19]、3D-SIFT[23] 及 MBH[24]。

以上所述方法均采用预先设计好的特征表示，各类特征表示均在某几个数据库上显示出有效性，其泛化能力不足。与此不同，斯坦福大学的 Andrew Ng 研究组 [26] 提出了一种非监督的特征学习方法，采用扩展的独立子空间分析算法从未标记的视频数据中学习不变的时空特征，虽然方法简单，但当和深入学习技术如堆叠和卷积（stacking and convolution）结合以学习层次表示时性能异常的好，在 Hollywood2 和 YouTube 数据库上分别得到了 53.3%、75.8% 的准确率。

（2）中层特征。

目前没有一种底层特征在多数数据库上都取得很好的效果，大体上在一个特定的数据库上性能是好的，换到另一个数据库上，性能差异是不容忽视的。并且底层特征通常不能描述复杂行为的时间结构，特征间的关系对于非周期性的行为分类是很重要的，这就需要建立更高层的特征描述。所以，对于复杂的行为建模，需要在底层特征上建构中层的特征表示。

Fathi 等 [27] 提出了一种建立在底层光流信息之上的中层运动特征表示方法，这些特征着重于图像序列的局部区域并采用了 AdaBoost 方法，使得在不同行为类别间更具有判别性且易于实时计算。Yuan 等 [11] 提出了用一个有着连续的空间结构和连贯的运动特征的中层组件表示视频序列的行为的方法。首先，分割可视的运动模式，通过聚类基于关键点的轨迹产生中层组件集。为了进一步利用移动组件的相关性，定义了组件间的时空关系，由于考虑了组件间的空间的结构和时间关系，大大改进了分类识别性能。

基于部分的模型在静态图像的目标识别上获得了很大成功，受此启发，Raptis 等 [28] 通过轨迹聚类抽取显著的时空结构作为组成行为的部分候选集，各个部分间通过时空的依赖关系加以限定。此模型除了具有良好的分类能力以外，还显示出细粒度分析的潜力，即识别和定位行为的组成部分。Jain 等 [29] 提出了一种自动从训练数据中挖掘时空块（spatio-temporal patch）的方法，这些时空块可以对应一个元动作、一个语义目标，或者一个随机但有语义信息的时空块。他们用这些时空块组成判别式词典用于分类问题，在 UCF50 和 Olympics 数据库上取得了当前最好的性能。

相对于底层特征，中层特征在行为识别的多个任务中体现出了较好的识别性能。由于中层特征一般建构在底层特征之上，具有一定的语义含义，可用以表示复杂的行为，并表现出更强的判别力和鲁棒性。在诸多底层特征中，如何挖掘出更具表现力的中层特征表示，依然值得深入探讨。

（3）高层特征。

高层特征一般就有明显的语义，如 Yao 等[30] 提出了基于姿态的行为识别，在含有大量噪声的情况下取得了优于底层特征的性能。文献 [31，32] 中提出了元动作单元序列模型（ASM：actom sequence model），采用用户定义的时间片段即元动作的序列来描述视频中的行为，把行为的时间结构看作锚定元动作的视觉特征的直方图序列，可视为单词包的时间结构拓展。Raptis 等[33] 将视频中的行为建模为部分关键姿态的集合，即局部关键帧的时间序列，可在部分观测的视频流中对行为进行定位。受目标库模型（object bank）在图像表示方面的成功的启发，Sadanand 等[34] 提出了一个新的行为表示方法 action bank，action bank 由许多独立的在语义空间和视角空间广泛采样得到的动作探测器组成，这种表示方法语义丰富，即使与简单的线性 SVM 分类器搭配也可以得到很高的分类性能，并且分类器具有强大的语义转移能力。

Yan 等[35] 研究了如何选择高层语义概念去辅助复杂事件探测，提出了基于事件的多任务字典学习方法，在 TRECVID 事件探测数据集中表现出了良好的性能。视频的场景与行为是密切相关的，Marszalek 等[36]通过场景探测器来发掘场景 – 行为的关联，但这需要有关场景与行为的先验知识，为此，Zhang 等[37]将每一帧的行为人从背景里分离出来，提出了生成式学习方法来识别场景中的行为。

文献 [38] 提出了基于属性和部分（attribute and parts）模型在静态图片中识别人体行为的方法。在此基础上，文献 [39] 将相关方法扩展到了视频行为识别中，为了构建更有描述力的模型用于视频中的人体动作识别，提出了一种联合手工标定的属性（attributes）和数据驱动的属性描述方法，可以用来设计识别过程以区分没有在训练样本中出现的新的动作类别。

由于高层特征包含有语义信息，相比较于底层特征和中层特征而言，对于视角差异、尺度变化等具有更好的不变性和鲁棒性，因而更适合于描述复杂的持续时间比较长的行为。行为识别的相关先验知识以及相关计算机视觉任务的模型也更容易融入高层语义特征模型中。相对来讲，高层特征还没有被充分研究，如何在底层特征和中层特征之上，建构与高层语义密切相关的高层特征，对于"语义鸿沟"而言有着重要的意义。

2. 深度学习特征

深度学习方法在静态图像识别领域取得了空前的成功[1, 41, 42]，将其引入到视频行为识别任务时却没有得到预想的分类精度[43]。AlexNet 深度卷积网络[40]是深度学习发展的一个里程碑，在 2012 年 ILSVRC 以 15.4%

的失误率取得了冠军，自此之后，深度学习方法特别是深度卷积网络在计算机视觉的各个研究领域得到了广泛的关注。AlexNet 的网络结构分为 5 个卷积层和 3 个全链接层，参数超过 6 千万个，为了提升运算效率，采用了 2 个 GPU。由于网络训练需要大量的数据，受视频数据库的规模以及计算能力限制，采用静态图像数据库 ImageNet 上训练的模型来直接提取视频帧的特征成为一个合理的选择，理论上深度网络的每一层均可视为特征提取器，将其相应作为视频帧的特征输出。前 5 个卷积层可视为较低层的特征，层次越高抽象程度也越高，全链接层 fc6、fc7 以及 fc8 可视为中高层的特征表示。由于没有考虑帧间的时间关联信息，取得的分类精度低于手工设计的特征[41]。

深度网络的成功有赖于大量的训练数据，为此 Karpathy 等[44]发布了超大型视频数据库 Sports-1M，在超过 100 万个视频样本上训练了卷积网络，该网络应用到 UCF101 数据库上，对最高三层的参数做了微调，得到最高识别率为 65.4%，作为对照，Karpathy 等[44]还在 UCF101 数据库上重新训练学习网络，得到的识别率只有 41.3%，这也证实了巨量训练样本对于深度学习模型的重要性。文献[45]引入了时空立方体拼图的自监督学习任务方法来训练三维卷积神经网络，利用学习得到的空间表观特征以及视频帧的时间关联来进行分类。Tran 等[46]在网络的所有层中均采用了三维卷积和池化以在网络的所有层中传递时间信息。三维深度网络参数比二维的网络规模大得多，如 C3D[46]的模型规模比 152 层的二维 ResNet[47]还要大近 40%，这就需要更多的训练样本才能够避免过拟合，为了降低模型复杂度，Qiu 等[48]采用二维的空间网络和一维的时间网络组成准三维的残差网络模型，在 Sports–1M 数据库上训练网络，在主流数据库上取得了较文献 [44] 优越的性能。

与文献 [46] 训练三维卷积神经网络不同，Simonyan[49]等对空域和时域分开处理，提出了两通道的卷积神经网络，用一个二维的卷积网络捕捉空间特征，另外一个二维卷积网络从光流场中提取时间特征，最后融合空间、时间特征进行分类识别，显著改善了性能。在此基础上，Wang 等[50]提出了融合轨迹特征和深度卷积特征的轨迹池化的深度卷积描述符（TDD：trajectory–pooled deep–convolutional descriptor） 方法，将轨迹特征和深度特征的优势结合起来。Donahue 等[51]提出了长期递归卷积网络（LRCN：long–term recurrent convolutional networks）， 在用 CNNs（convolutional neural networks）提取特征后应用基于递归神经网络（RNN）的长短期记忆网络（LSTM：long short term memory）来建模视频帧序列的动态特性。Zhu 等[52]提出了时间金字塔池化的深度网络结构，将视频的帧特征聚合为多尺度的视频表示。Hosseini 等[53]将手工设计的特征经 Gabor 滤波器的响应作为张量输入反馈给卷积神经网络，性能优于基于卷积神经网络的方法。

通过以上分析，很明显，提升深度学习方法在视频行为识别中的性能还要克服很多挑战。深度学习的训练依赖于大量的训练样本，对于静态图像，可以收集到海量的有标记的数据，且成本低廉，但目前主流的视频数据库最多只有几千个样本，这与动辄上千万的静态图像数据库相比规模偏小，并且视频的处理对于计算资源的要求高很多[54]。即使在超过 100 万个视频样本中训练深度学习模型也是远远不够的[44]，一个可行的思路是继续增加数据库的规模，但相对应的计算量也会急剧增长，这意味着直接在这些相对大型的视频数据库上训练三维卷积神经网络是非常困难的。

深度学习方法对于取得的性能优势解释性较差[55-57]，并且模型的复杂程度很高，这也使得系统对计算强度要求较高，算法的优化较困难，这都需要进一步的研究。因此，上述人工设计的底层特征仍然有其优势，如对计算资源要求较少，可实时处理数据，且特征的判别性、鲁棒性能在多个复杂数据库中得到了充分的验证，所以进一步改进以提升识别性能也是必要的[2, 3, 58]。

综上所述，视频的处理相对于静态图像而言存在着更多的挑战，如时间的先后顺序对于视频中的行为识别是很重要的，但如何将时间信息在行为的表示中体现出来仍需要进一步的研究，还有诸如遮挡、背景嘈杂以及类间差异等问题，这使得寻求鲁棒的、判别力高的、泛化能力强的特征表示依然是一个开放的课题，无论是手工设计的特征还是深度学习特征的进一步改进，以及如何将多种特征进行融合以改善识别率，都需要更进一步的研究。

（二）分类识别方法

视频中的行为分类识别方法，受到计算机视觉相关领域研究的推动，相当一部分方法直接来自静态图像中的相对成熟的方法。另外，相对于图像处理而言，视频中的行为识别又有其特殊性，例如时间信息对于复杂行为而言就很重要，这使得行为的时间建模就显得非常重要。为了满足实际应用对算法的快速、自动和实时性的要求，一方面要求分类识别方法具有很好的泛化能力，另一方面为了模拟实际应用的情景，视频数据库中动作类别越来越多，样本数目也越来越庞大，详细标注样本的成本变得无法承受，这使得无监督的相关方法受到越来越多的重视。为此，我们从有监督学习、无监督学习以及弱监督学习和迁移学习的角度对算法进行归类总结。

1. 监督学习方法

如图 1-3 所示，有监督学习，即在训练样本有类别标记的情况下对数据进行建模的方法。现已发布的数据库，标记的信息没有统一的标准，大多只有行为类别的标记，有些有时间和空间的详细信息，有的比如 Weizmann 数据库，还包含了前景的剪影轮廓信息。

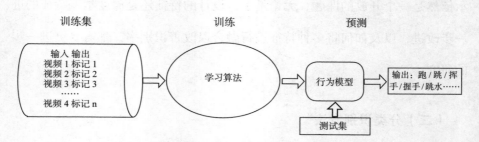

图 1-3　有监督学习流程图

在行为识别研究的发展过程中，单词包（BoW：bag of words）模型起了很大的推动作用。BoW 最初是用在文本分析领域的模型，2003 年，Sivic[59] 等人首先提出了使用基于图像局部描述子量化和文本检索技术的"图像单词集合（bag of visual words）"方法来对静态图像进行特征匹配。采用单词包模型对行为进行建模，尽管取得了很大的成功，其缺点也是很明显的。由于忽略了特征点之间的空间和时间信息，导致了对于复杂的持续时间较长的行为建模变得异常困难。为此，Ryoo 等 [60] 提出了一种称为动态单词包的扩展单词包模型，该模型考虑了行为的序列特性，粗略建模了特征是如何随时间分布的。虽考虑了两个视频片段的时间信息匹配，但仍然缺乏确定最优片段长度的方法。Bettadapura 等 [61] 呈现了一个数据驱动的技术以拓展单词包模型，这可使得复杂长视频中的行为识别建模更具鲁棒性，特别是当行为的结构和拓扑没有先验知识的情况下。

在得到视频样本的特征表示后，可直接采用分类器进行分类学习。Blank 等 [15] 采用基于欧式距离的最近邻分类器进行分类学习。Schuldt 等 [62] 对视频的局部时空特征采用单词包模型编码视频中的行为，然后直接采用 SVM 进行分类，方法简单，但在 KTH 数据库上得到了较好的识别率。为了使行为描述的属性具有选择性，Liu 等采用了隐参量 SVM 方法（latent-SVM）[39]，用隐参量捕捉行为属性的重要程度。在增强法（boosting）框架下，一系列的弱分类器可以生成一个强的分类器，Jingen 等 [63] 采用 Adaboost 方法整合了运动特征、静态特征等异构但互补的特征进行分类，在 KTH 数据库上的识别率达到了 91.8%，并可实现行为定位。

上述方法一般基于特征的单词包表示，忽略了时域的信息，只能应用于相对简单的行为识别，而不能对复杂的行为进行建模。并且，其判别性能依赖于训练集数据的数目，因而不适用于训练数据较少的情形，比如异常行为的探测等。

与上述直接扩展 BoW 模型不同，Li Fei-Fei 等[64] 指出人体行为是由许多简单动作在时间上复杂的组合，并提出了一个建模行为的框架，通过发掘人体行为的时间结构，把行为表示为运动片段的时间组合。在此基础上，Tang 等[65] 把目标定位于复杂事件的探测，在 max-margin 框架下分析了复杂事件的时间结构的理解问题，可以自动发现视频中具有判别性的和感兴趣的分割片段，且可以采用动态规划进行快速和准确的推断，这对于快速和有效地处理很大数目的视频库来说是很重要的。对于 BoW 模型的扩展，目前还没有一个通用的针对大多数数据库的有效方法。如何既能够编码时间和空间信息，又不增加时间复杂度，或者在两者之间取得最优化的方法，将是一个很有前景的研究方向。

费舍尔向量（FV：Fisher vector）[66, 67] 和局域聚合描述符向量编码（VLAD：vector of locally aggregated descriptors）[68] 在静态图像的目标识别任务中取得了良好的性能，应用到视频行为识别中也取得了较好的性能。这两类编码方法与单词包模型一样，也没有考虑时间信息，分别只采用了底层特征的一阶、二阶统计量对视频中的行为进行编码表示，其计算效率高，尤其是局域聚合描述符向量编码，只对特征相对于 K 均值聚类的单词的残差进行统计，由于在计算量没有增加多少的情况下其取得了比单词包高得多的性能，进一步完善改进编码方法仍然是一个值得研究的课题[69–75]。

　　为了提高模型的泛化能力，采用概率模型对行为进行建模的方法得到更多的关注，其中应用较广的方法包括 HMM（hidden Markov model）、MRF（Markovian random field）、CRF（conditional random field）以及 SCFG（stochastic context–free grammar）等。文献 [76] 采用了三维部分人体轨迹模型，对腿和胳膊等单独训练 HMM，其中三维的轨迹作为观测量，对于每一个肢体，将不同动作模型的具有相似发生概率的状态联系起来，以进行行为的自动分割。HMM 模型的独立假设在一般情况下是与事实不符的，这可以通过建立给定观测下的动作类别的条件概率来克服。文献 [77] 比较了 CRF（conditional random field）、HMM 以及最大熵马尔可夫模型（MEMM）的性能，实验表明，当采用较大的窗口，计入更多的观测历史时，CRF 性能最好。

　　如果复杂的行为可以用肢体的动作或者元动作的一般关系来标定，那么基于文法的方法来设计分类器将是一个很有前途的选择。Brand[78] 最早将简单的文法方法用于识别操作任务序列中手的动作，没有进行概率建模。Ryoo[79] 将 SCFGs（stochastic context–free grammars）方法用于描述由简单动作组成的复杂行为，可以建模行为的时空结构，在交互行为数据库上得到了较好的识别率。值得注意的是，这类方法对于简单的行为比如手势识别准确率不高。

2. 无监督学习方法

在实际应用中，由于无须人工标定数据，无监督学习有着广阔的应用前景。例如在监控场景下，异常行为多种多样，难以定义和描述，如果能够实现在海量数据中自动发掘行为的描述信息，将是很有吸引力的。

Turaga 等[80] 用 CLDS（cascade of linear dynamical systems model）来表示人体行为，并提出了一种非监督的级联模型来对长视频进行建模，在远场和近场的视频集上的实验表明了方法的有效性。O' Hara 等[81] 将层次聚类的 Ward 算法用于视频流中的异常行为探测，并可实现增量学习。

Li 等[21] 最早将主题模型引入计算机视觉领域，把隐含狄利克雷指派（LDA：latent Dirichlet allocation）用于解决自然场景理解问题。相比其他方法，其有如下优势：首先，无监督，不需要人工标注；其次，主题模型允许不同动作的模型共享特征和训练数据，这使得模型更健壮以避免过拟合问题；再次，多数主题模型是层次贝叶斯模型，这使得模型可在不同层次上建模简单和复杂的动作，知识和不同的约束可以作为先验加入贝叶斯框架中去，这样模型可以更好地解决多视角的动作建模并动态地更新模型；最后，模型可以与非参数方法的贝叶斯模型集成，用狄利克雷分布作为先验自动学习动作的数目而不用人为标定。在此基础上，Niebles 等[82] 将 LDA 和概率隐含语义分析模型（pLSA：probabilistic latent semantic analysis）用于视频中的行为分类问题，在 KTH 数据库和 Weizmann 数据库上的识别率为 83.33%、90%，并可实现粗略的时间定位。Wang 等[83] 假设同一个行为的运动特征有时间上的关联，在没有人工标记的情况下用主题模型学习行为模型并分开同时发生的行为。他们的方法在诸如交通场景中，不同的时间发生不同的行为，是有效的，但在所有的行为都同时发生或者有时间上的重合的情况下，可能失效。Gong 等 [84] 提出了一个新的框架，通过建模在广大区域场景中的行为关联来推断全局行为模式，并可在局域以及全局发生的行为中探测任何不正常的行为。为了建模行为的全局相干性，Gong 等考察了 pLSA 和两层的 pLSA 模型用于全局行为推断和异常检测，实验结果表明，pLSA 在全局行为推断上优于层次 pLSA，而在异常探测方面则相反。异常探测的一个主要挑战是如何区分异常和噪声干扰的正常行为，而层次模型对于噪声的鲁棒性使得其在异常探测方面优于 pLSA。

在 pLSA 和 LDA 的基础上，人们提出了许多新的主题模型，如动态主题模型、作者 – 主题模型、HMM–LDA、polylingual 主题模型、相关主题模型及有监督的主题模型等。如何将这些模型应用到计算机视觉领域将是一个很有吸引力的研究方向。

3. 弱监督学习与迁移学习

随着数据库的容量越来越大，动作越来越复杂，准确标记样本将是一件非常费力的工作，而有标记的样本有助于对视频中行为的描述。有些数据库中的标记非常简单，只是标明类别，并没有时间和空间上的定位信息，有时候即使类别标记信息也并不能保证正确，比如 Hollyhood2 数据库，其中一个训练集的标记只有 60% 左右的准确度。视频的标记相比较于图片的标记，有着更多的歧义性。这就使得研究在弱监督的情况下如何进行动作识别成为一个非常有必要，也很有挑战性的任务。

在真实场景下的动作识别是个极具挑战性的课题，而缺乏准确标记的视频样本以及数据库规模偏小等因素限制了研究的进一步深入。Laptev 等 [85] 考察了电影脚本在视频动作识别中的自动标记的应用，评估了多个方法在从脚本中提取动作标记的性能，并展现了基于文本的分类器的优势，提出了结合局部兴趣点特征、时空金字塔和多通道非线性 SVMs 等方法用于视频分类，并做了拓展。实验证实该方法在 KTH 数据库上得到的识别率达到 91.8%。给定由自动标记引入的噪声标签的情况下，作者考察了方法针对训练集的标记错误的高耐受性。最后把该方法应用到电影中的具有挑战性的动作分类中去，得到了很好的性能。在此基础上，Marszałek 等 [36] 同样利用电影脚本挖掘出有噪声的标记，对于给定的动作类别，在脚本中确定相关的场景，接着抽取动作和场景的视频样本，采用脚本 – 视频对准来训练，利用了自然动态场景的上下文进行视频的人体行为识别。人体动作受制于目的和物理的场景特性，表现出跟特定场景类别有很高的相关性，例如，吃饭通常发生在厨房，而跑步则多数在室外。Marszalek 等通过自动发现相关的场景类别及其与动作的相关性，从视频中学习特定的场景类别，提出了一个用于动作和场景识别的联合框架，实验表明在自然视频中提高了两者的识别性能。文献 [86] 研究了在尽可能少的标记下的真实场景下人体行为的自动时间标记问题，采用了基于核函数的判别式聚类算法以定位在弱标记下的动作位置，从可能的标记中通过弱监督学习对动作建模，实验表明这种弱标记的学习方法，在行为探测上取得了显著的改进。

Bojanowski[87] 利用视频中多个行为发生的顺序作为弱标记，提出了判别性的聚类方法，对行为在视频中的位置进行定位。文献 [88] 采用了与 [87] 相同的弱标记，提出了采用动态规划的扩展的连接时间分类（ECTC：extended connectionist temporal classification）框架，以求解帧与标记的对准关系，并根据帧间的视觉相似性保持标记的连续性。行为模型的训练大都依赖于裁剪过的视频样本集，Wang 等 [89] 提出了称为 UntrimmedNet 的弱监督学习框架，无须对视频样本进行时间标记，耦合了采用前向反馈网络实现的分类模块和选择模块，分别学习行为的模型以及持续的时间，在未裁剪的数据集 ActivityNet 中取得了较监督学习方法更好的性能。

上述弱标记学习方法在特定情况下可以取得不错的性能，但适用性不广，而且弱标记提供的信息量有限也局限了其应用。因此，将与视频中的行为识别相关联的识别任务中的相关知识引入行为识别的学习框架中，即采用迁移学习的方法，将相关领域的知识来辅助视频中的行为识别，将是一个有前景的选择 [90-94]。在文献 [91] 中，Cao 等提出了跨数据库的行为识别框架，将源任务中的在 KTH 数据库中训练得到的模型，同步进行模型自适应和行为探测，在背景嘈杂的 MSR 和 TRECVID 数据库中显著改进了识别性能。文献 [95] 采用最大边沿多通道的多实例学习框架学习得到弱监督的元动作，可发掘出多重的中层概念语义特征，产生行为分类的判别性和紧致的表示。Zhu 等 [94] 提出了弱监督下跨域字典学习算法，通过转移矩阵，在源域数据和目标数据上同时进行字典学习，得到一对重构的、判别性的域自适应的字典对，将互联网或者相关数据集上的知识迁移到目标任务上，在 UCF YouTube 数据集上取得了优异的性能。

视频中的行为种类繁多，并且类间差异巨大，因此详尽并且准确标记海量的样本是不现实的。在"大数据"时代，视频数据急剧增多，这对视频的语义分析提出了更迫切的需求。经过多年的研究，静态图像的识别取得了很多突破，也积累了大量的标记数据，在视频数据集方面，针对不同的应用以及场景研究机构也发布了许多数据集，只是相对于图像数据集规模较小，如何将已有的数据集以及相关领域的先验知识，融入行为识别的框架中，值得深入研究。

三、视频序列的行为识别建模的技术难点

经过多年的研究，静态图片中的分类识别研究取得了很大进展，许多成熟的算法以及识别框架被引入视频序列中的行为识别任务中，取得了一定的成绩。但是，相比较而言，视频中的行为识别面临着更多的挑战。在实际应用场景中，视频的拍摄视角等差异很大，背景嘈杂，并且存在着诸多与行为无关的干扰，对于一些复杂行为，类内差异巨大，这使得对于视频中的行为进行准确的描述存在着很多困难 [3, 96]。

（1）行为识别的实时性问题。在某些需要实时处理数据并给出结论

的应用场合中，比如厂矿企业应用场景中，对于某些危险行为如"吸烟""不戴安全帽"等，或者"打电话"等不合要求的行为，要求能实时检测到以便于及时处理，这就要求算法更快地处理数据。但是视频的数据量相对于静态图片而言大了许多，这对于计算资源提出了很高的要求。如何快速、准确地对数据进行处理，在尽可能短的时间内挖掘出有用信息对于算法来说是个挑战。

（2）特征编码、归一化以及池化方法与行为识别模型的统一问题。目前的研究表明不同的特征编码、归一化以及池化方法对于识别性能有相当程度的影响，但选择合适的方法，有赖于对行为的建模方法。对于稀疏编码方法，一般认为最大池化有助于性能的提升，但对于其他方法，比如主题模型等，尚不明确。

（3）普适的描述符。当前存在的行为特征描述符，没有一种是在所有数据库上判别性都很好的，大多只是在某几个数据库上性能很好，在其他数据库上则一般。一个通常的思路是特征融合，即将几个特征采用特定的策略联合起来表示行为，在文献 [23] 中的实验表明，这种方法确实有效，但无疑会增加识别的复杂度，选择哪些特征，也没有一个可信的策略。再一个思路就是挑选有效的特征。通常特征很多，如果能找到那些更具有辨别性的特征，将能有效地提升分类的性能。文献 [96] 对此做了初步的探索，提出了一个新的时空兴趣点探测器，应用了周边抑制和位置、时间限定条件，通过探测更多重复的，稳定的和显著的特征点来提高了性能，同时抑制了无用的背景兴趣点。对于特征描述的判别性的研究，没有得到应有的重视，而这对提高整体的识别率是很重要的。

（4）特征融合问题。关于特征的描述符是多种多样的，在不同的场景下各个特征描述符的表现各异。为了提升识别性能，将各类特征描述符联合起来是一个自然的选择。权衡各类特征描述符的优劣，并将各自的优势结合起来提升对于视频中的行为的描述力，将助力于识别性能的最终改善。

（5）部分观测的行为识别。时间信息对于提取视频中的行为语义是非常重要的，而针对行为识别的时间建模的研究中，早期行为的识别是具有挑战性的和有趣的方向，但没有得到应有的重视。Ryoo 等 [60] 认为人体行为预测是一个概率过程，从只包含行为的开始部分的视频中推测即将出现的行为，目的是识别未完成的早期动作，而不是在事后分类完整的动作。行为的时间结构建模对于行为识别以及更高层次的语义理解是很重要的，但目前仍然是一个开放的课题。与行为的早期识别相关联的一个方向是行为预测，文献 [97] 提出了从有噪声的视频输入中推断行为人的未来行为的任务，称为行为预测。行为预测是一个非常有趣的课题，但人的行为具有随意性，预测难度很大。但这在监控场景下还是很有意义的，比如在交通场景下，人的行为是有预期的，与预测不同的可判定是异常行为，对此提前预警意义重大。

（6）将时空信息纳入视频中的行为表示中。在静态图像识别中，对底层特征采用超向量编码如费舍尔向量编码和局域聚合描述符向量编码方法，取得了优越的性能，但如何将时空信息融入超向量编码中，进一步提升识别性能，值得进一步研究。

（7）深度学习在视频中的行为识别的应用。深度学习方法的训练需要大量的视频样本，但目前存在的数据库相对来讲规模偏小，如何经济有效地建立大规模的标记数据库就成为一个巨大的挑战；深度学习的应用，理论支撑较弱，更多地依赖经验，需要进一步发展理论支持；手工设计的特征在多数数据库上获得了很好的性能，如何将深度学习和手工设计的特征融合起来，需要进一步的研究。

四、行为识别视频数据库

自 2001 年以色列魏茨曼科学研究院发布基于事件的分析数据库以来，尤其是 2005 年以后，许多行为和动作视频数据库陆续公开发布，使得研究者可以在相同的条件下对比算法的性能，这对于计算机视觉研究的发展起了很大的推动作用[98]。另一方面，随着算法性能的提升，更有挑战性的数据库被发布了出来，这又进一步激发了研究人员更深入地研究各类算法，以推动性能的提升。

各个数据库在拍摄场景、相机是否固定、行为数目以及样本个数等方面差异很大，根据视频数据的复杂程度可把数据库分为两类：受控环境下的单人行为数据库，以及真实场景下的复杂行为数据库。

（一）单人行为数据库

目前引用率最高的数据库当属 KTH 数据库 [①] 和 Weizmann 数据库 [②] 了。其中的 KTH 数据库[62] 在 2004 年的发布是计算机视觉领域的一个里程碑，此后，许多新的数据库陆续发布。KTH 数据库包括在 4 个不同场景下 25 个人完成的 6 类动作共计 599 个视频样本，是当时拍摄的最大的人体动作数据库，它使得采用同样的输入数据对不同算法的性能做系统的评估成为可能。视频拍摄的相机是固定的，因而视角统一，视频样本中包含了尺度变化、衣着变化和光照变化，但其背景比较单一。

2005 年，以色列魏茨曼科学研究院又发布了新的 Weizmann actions as space-time shapes dataset[15]，简称 Weizmann 数据库。该数据库包含了 10 个动作，每个动作有 9 个不同的样本。视频的视角是固定的，背景相对简单，每一帧中只有一个人做动作。数据库中标定数据除了类别标记外还包括前景的行为人剪影和用于背景抽取的背景序列。

KTH 和 Weizmann 数据库是行为识别领域引用率最高的数据库，对行为识别的研究起了较大的促进作用。当然，这两个数据库的局限性也是很明显的，由于背景比较简单，没有包含相机运动，动作种类也较少，并且每段视频只有一个人在做单一的运动，这与真实的场景差别很大。

---

① http://www.nada.kth.se/cvap/actions/

② http://www.wisdom.weizmann.ac.il/~vision/SpaceTimeActions.html

（二）复杂行为数据库

随着研究的深入，许多贴近真实环境的更复杂的视频数据库发布了出来，这推动了研究人员在真实场景下的行为识别的研究。比较具有代表性的有：

（1）法国 IRISA 研究院发布的 Hollywood、Hollywood-2[36] 数据库 ①。早先发布的数据库基本上都是在受控的环境下拍摄的，所拍摄视频样本有限。2009 年发布的 Hollywood-2[36] 是 Hollywood 数据库的一个拓展，包含了 12 个动作类别和 10 个场景共 3 669 个样本。通过脚本 - 视频自动对齐联合基于文本的脚本分类来标记视频样本，因此标记是含有噪声的，在这个有噪声标记的数据集中分离出了人工标记的样本子集，所有样本均是从 69 部 Hollywood 电影中抽取出来的。在训练样本中，各个行为类别均包含含噪声标记的样本和人工标记的样本，这无疑增加了训练的困难。视频样本中行为人的表情、姿态、穿着，以及相机运动、光照变化、遮挡、背景等变化很大，接近于真实场景下的情况，因而对于行为的分析识别极具挑战性。

（2）美国中佛罗里达大学（UCF：University of Central Florida）自 2007 年以来发布的一系列数据库 [98, 99]：UCF sports action dataset、UCF11（Youtube action database）、UCF50、UCF101，引起了广泛关注。从 UCF11 到 UCF50 再到 UCF101，数据库的规模愈来愈大，行为种类从

---

① http://www.di.ens.fr/~laptev/actions/hollywood2/

11 类扩展到 101 类。这些数据库样本来源广泛，大多来自从 BBC/ESPN 的广播电视频道收集的各类运动样本，以及从互联网尤其是视频网站 YouTube 上下载而来的样本。其中 UCF101 包含的动作类别数为 101 个，视频样本为 13 320 段视频（所有的视频样本的帧频、解析度分别被统一为 25fps、320×240），是当前发布的规模最多的数据库之一，由于行为种类繁多，尤其是在相机运动、物体表观姿态、视角尺度以及嘈杂的背景和成像条件等方面存在着巨大的差异，使得该数据库成为目前最具挑战性的行为识别数据库之一。2013 年 ICCV 会议附有关于大量类别数的行为研讨会（Workshop on Action Recognition with a Large Number of Classes），即以 UCF101 数据库作为行为识别竞赛的基准数据库。

UCF101 中的行为类别可分为五种类型：人－物交互行为、人体动作、人－人交互行为、演奏乐器和各类运动。根据视频的来源，所有的样本被划分为 25 个组，每一组包含了一个行为种类的 4~7 个样本，同一个视频组的样本有着相似的特征如背景、拍摄视角等，这使得隔离训练组和测试组显得尤为重要，即相同组的视频样本不能同时出现在训练组和测试组中，否则，由于来源相同，相同条件下可得到更高的分类性能，这不利于公平地比较不同算法的性能。

（3）UT-interaction database[100]。由得克萨斯大学奥斯汀分校于 2009 年发布[①]，是较早发布的关于人－人交互的复杂行为视频数据库，

---

① http://cvrc.ece.utexas.edu/SDHA2010/Human_Interaction.html

视频样本中包含有 6 类人 – 人交互的动作：shaking hands、pointing、hugging、pushing、kicking 和 punching，总共 120 段样本。按照场景不同分为两个数据子集，第一个子集是在停车场拍摄的，背景变化较小，第二个子集是在有风的草坪上拍摄的，相对来讲包含了更多的相机抖动以及背景变化。在交互的行为人之外，部分视频还有无关联的行人，这增加了行为识别的难度。

（4）Olympic sports dataset。由斯坦福大学于 2010 年发布[64]，包含了运动员的各类运动视频。视频都是从 YouTube 上下载的，包含 16 个运动类别的 50 个视频，标记信息为运动类别。

（5）VideoWeb database[101]。由加州大学于 2010 年发布，该数据库重点放在多人间的非语言交流的行为上（non–verbal communication），包含由最少 4 个至多 8 个摄像机拍摄的长度为 2.5h 的视频。

（6）HMDB51[102]。由布朗大学于 2011 年发布，视频多数来源于电影，还有一部分来自公共数据库以及 YouTube 等网络视频库。数据库包含有 6 849 段样本，分为 51 类，每类至少包含有 101 段样本。

（7）动作相似度数据库（ASLAN：action similarity labeling）。2011年以色列魏茨曼科学研究院（Weizmann Institute of Science）、以色列开放大学（Open University of Israel）和特拉维夫大学（Tel Aviv University）联合发布了动作相似度数据库（ASLAN：action similarity labeling）[103]，数据库包含了从互联网上收集的许多视频，涵盖了 432 个复杂行为类别，样本数达到 3 697 个，来源链接为 1 571 个。平均每个类别有 8.5 个样本，大于 1 个样本的类别有 316 个，包含样本最多的类别"Handstand"有来自 64 个链接的 91 个样本，可见样本分布极不平衡。视频的拍摄时长差异也很大且分布不均衡，时长超过 10s 的视频样本有 71 个，小于 1s 的样本有 187 个。

与当前发布的大多数数据库不同，提出 ASLAN 的目的是理解是什么使得行为不同或者相似。目前行为识别数据库包含的行为类别最多超过了 100 类以上，数据库也越来越庞大、复杂，但是显而易见的是，仍然不足以描述实际场景下的人体行为，因为人的行为是千差万别的，并且种类繁多，搜集更多类别的视频需要付出的代价将越来越高。如果能够找到足够精确的方法来理解行为相似与否，就可以从小样本数据库出发自行生成更大规模的数据库，这将大幅降低人工成本。从相似与否的角度来识别新的类别，增添新的知识，符合人的认知过程，这也切合用计算机去模拟人的智能的思路。

2013 年，与 CVPR 国际会议同步举行了关于非受控视频中的行为相似研讨会（1st IEEE International Workshop on Action Similarity in Unconstrained Videos：ACTS'13），吸引了相当一部分研究人员参与行为相似的识别挑战赛。

新近发布的较大规模的数据库包括 ActivityNet 行为识别数据库①、动力学人类行动视频数据集②（the kinetics human action video dataset）[104]、

---

① http://activity-net.org

② https://deepmind.com/research/open-source/open-source-datasets/kinetics/

Sports-1M 数据库 ① 等，总体而言，数据库的动作类别越来越多，样本越来越多，数据库也更庞大，视频场景越来越复杂。较早的数据库，比如 KTH，视频背景较简单，动作类别不多，相机固定，这使得现有的算法很容易达到饱和，不好区分算法的优劣。最近几年发布的数据库有如下几个趋势：背景嘈杂，视角不固定，甚至相机是运动的；样本涉及人 - 人交互，人 - 物交互；行为类别数较最早发布的数据库多了很多，总之是更接近于不受控的自然状态下的情景，这对于算法的鲁棒性提出了很大的挑战。

五、主要工作

本书围绕视频序列中的行为识别问题展开，在手工设计特征的基础上，做了三方面的工作：一是研究了通过概率隐含语义分析模型来发掘底层特征的中层表示问题；二是站在视频行为相似性的角度来采用过完备稀疏编码来表示视频中的行为；三是在分析特征的统计表示基础上采用超向量来编码视频中的行为。总而言之，本书从不同的角度研究了视频中行为的表示问题，主要工作和创新点主要有：

（1）研究了概率隐含语义分析模型在视频行为识别中的应用，着重探讨了不同编码方法联合归一化方法对于分类性能的影响，在实验中发现局

---

① https://github.com/gtoderici/sports-1m-dataset/

域软分配编码结合指数归一化方法大幅提升了识别性能；还考察了主成分分析预处理原始特征对于性能的影响，在显著降低特征维度进而降低计算量的同时，当特征包含较多噪声成分的情况下性能甚至会有所提升。

（2）提出了过完备稀疏编码的行为相似识别方法，在训练集上训练高斯混合模型，综合每一个混合模型分量的子码本得到超完备的码本集；采用高斯混合模型对特征聚类时，保留概率最大的三个分量并归一化；对归属于混合模型的各个分量的特征，采用相对应的码本进行稀疏编码得到特征的超完备稀疏编码表示，最后进行分类识别。通过学习特征空间的子流形结构，在每一个分量上用相对较小规模的字典来编码特征，在降低对于运算能力要求的同时，提升了特征对于行为的描述能力。

（3）为了提升局域聚合描述符向量编码以及费舍尔向量编码方法的性能，从两个角度提出了改进方法：一是为了改善向量量化造成的信息损失，提出了软分配版本的局域聚合描述符向量方法，提升了局域聚合描述符向量编码的性能；二是提出了联合高阶矩的特征编码方法，将特征的高阶矩统计量融入费舍尔向量的编码中。

（4）提出了基于时空信息的超向量编码行为识别方法，将特征间的时空信息统计融入超向量编码中。通过对时空信息点的位置坐标进行聚类将视频分割为时空体，采用各类高阶统计矩来统计时空体内局部特征点集的分布特性，然后联合全局的费舍尔向量编码组成视频的超向量表示，将特征的全局表示和局部分布特性结合起来，在主流数据库上的实验显示了该方法的优越性。

六、本书组织结构

本书共六章，**第一章 绪论** 首先介绍了研究背景以及国内外的研究现状；结合视频中的行为识别流程，从行为识别的特征表示和分类识别方法两个方面综述了当前的主流方法；在此基础上分析了行为识别建模的技术难点；对于当前发布的行为识别视频数据库，根据复杂程度做了分类介绍；最后列出了本书的主要工作以及组织结构。

第二章 概率隐含语义分析模型的行为识别研究 首先介绍了主题模型在行为识别中的应用；接下来着重研究了不同编码方法联合归一化方法对于概率隐含语义分析模型分类性能的影响；还考察了主成分分析预处理原始特征对于性能的影响；最后给出了实验结果并做了分析讨论。

第三章 行为相似度识别的过完备稀疏方法 介绍了行为相似识别数据库 ASLAN 以及与行为相似相关的研究；提出了过完备稀疏编码的行为相似识别方法，通过高斯混合模型来学习特征空间的子流形结构，在每一个分量上，用相对较小规模的字典来编码特征，在降低运算量的同时，又提升了对于行为的描述能力；最后在 ASLAN 数据库上的实验验证了所提方法的有效性。

第四章 基于费舍尔向量和局域聚合描述符向量编码的行为识别方法 首先介绍了行为识别中的特征编码方法；然后探讨了主成分分析预处理特征对编码性能的影响；针对硬量化方法带来的信息损失问题，采用两种软分配方法替代向量量化的硬编码方法，提出了软分配版本的局域聚合描述符向量方法；接下来提出了联合高阶矩的费舍尔向量编码方法，将特征的高阶矩统计量融入费舍尔向量编码中；在 KTH、UT、UCF sports 以及 UCF101 数据库上做了实验并分析了实验结果。

第五章　基于时空信息的超向量编码行为识别方法　在分析各类特征编码方法的特性的基础上，提出了基于时空信息的超向量编码行为识别方法，将特征间的时空信息统计融入超向量编码中；在主流数据库上验证了所提方法的有效性，其中在 UCF101 数据库上取得了较基于深度特征方法更高的识别率。

第六章　总结与展望　对本书的工作做了全面总结，在此基础上，对于后续相关研究工作的展开，做了展望。

第二章　概率隐含语义分析模型的
行为识别研究

一、引言

自 Sivic[59] 将文本分析中的单词包模型引入目标识别的研究中以后，在计算机视觉领域得到了广泛的应用。单词包模型将编码后的特征用直方图来表示，统计了特征的出现频次，忽略了特征间时间空间的关联，因而对于时间空间的位移具有一定的不变性，在目标识别、跟踪以及行为识别和探测方面均取得了较好的性能[105, 106]。

在行为识别的研究中，单词包模型在简单场景下的单人行为识别问题上取得了较好的性能，但当涉及复杂场景下的行为识别以及多人交互行为的识别任务时，采用单词包模型通常得不到理想的结果，其原因是很明显的，对于简单、循环往复的运动行为，比如跑、跳、挥手等，所取得的视频特征具有重复性，特征间的时空顺序对于识别而言重要性有限，对于复杂场景下的视频行为则不同，往往涉及人－人、人－物交互，且背景嘈杂，视频拍摄视角跨度大，形体动作的重复性不高，而形体动作间的时空顺序对于理解复杂行为是必须的要素，而由于单词包模型忽视了视觉单词间的空间和时间关系，因而该模型的判别力相应受到影响；另一方面，由于普遍采用向量量化，造成了量化损失，这不可避免地影响到视觉单词的判别性。由此可见，当面对复杂任务时，仅仅依靠底层特征的单词包模型就显得力不从心了，这使得发掘特征间的时空信息成为一个显然的选择。

同样来源于文本分析的主题模型，自被引入计算机视觉领域后，得到了越来越多的关注。所谓主题模型，在一个文档集合中，共享相同的主题，每一个主题对应码本中单词的不同分布，对于文档集的具体文档而言，是由不同比例的主题分布产生的，这样就可以用更高一层抽象的主题分布来表示一个具体的文档。主题模型在文档查询、检索等领域应用广泛。在视频行为识别的研究中，视频数据库对应文档集合，每一个视频样本对应一个文档，视频中的底层特征经量化编码后相当于文档中的单词，主题模型在整个文档集合中发掘共享的单词共现的模式，并以主题在视频中的分布来表示视频中的行为，因此，视频的主题分布表示可看作基于底层特征的中层语义表示，这进一步提升了对于行为的理解。在视频中的异常行为探测、行为识别等任务中，主题模型以及其各种改进的模型取得了优异的性能，这进一步促使诸多研究者采用各种方法以提升模型的识别性能 [107]。

二、主题模型在行为识别中的应用

（一）主题模型

在主题模型中，应用最广泛的两种模型是概率隐含语义分析（pLSA：probabilistic latent semantic analysis）模型[108]以及隐含狄利克雷指派（LDA：latent Dirichlet allocation）模型[109]，其中概率隐含语义分析可以看成隐含狄利克雷指派模型的一个特例。以下将简要介绍这两个模型。

概率隐含语义分析主题模型[108]是针对文档数据的分析提出来的。在视频中的行为识别语境下，整个视频数据库对应文档集合，每段视频样本对应于一个文档，视觉特征即为单词，通过该模型建模视觉单词间的共现模式，然后以视频的主题概率分布作为语义的高层表示。假定数据库有 M 个视频序列，码本大小为 V，主题 z 共 K 个。如图 2-1 所示的图模型的联合概率分布为

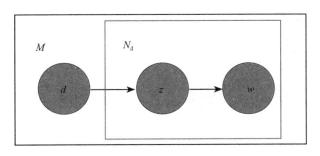

图 2-1　PLSA 模型

注：d 表示视频，w 是视频中的视觉单词，均为观测变量；z 是主题，为隐变量；视频数据集的大小为 M，视频 d 中的单词数目为 N_d。

$$P(d, w) = P(d) P(w|d) \qquad (2-1)$$

式中：

$$P(w|d) = \sum_{z \in Z} P(w|z) P(z|d)$$

根据最大似然准则，利用 E-M 算法通过最大化似然函数 $\mathcal{L}$ 求得主题对单词的分布 $P(w|z)$，进而得到视频的高层语义表示：主题概率分布 $P(z|d)$。

$$\mathcal{L} = \sum_{d \in D} \sum_{w \in W} n(d, w) \log P(d, w) \qquad (2-2)$$

式中：$n(d, w)$ 是单词频率，即视频 d 中 w 出现的次数。

Blei 等[109]认为，概率隐含语义分析模型由于不能以自然的方式分配概率给新的观测样本，不是一个良好定义的生成式模型，并且其参数数目随着样本数目线性增长，这导致该模型有过拟合的问题，而其提出的隐含狄利克雷指派较好地解决了这个问题。

隐含狄利克雷指派的概率图模型如图 2-2 所示，与图 2-1 的概率隐含语义分析模型相比，多了两个超参数 α 和 β。主题混合分布 θ、单词 w、主题 z 的联合概率分布为

$$p(\theta, z, w | \alpha, \beta) = p(\theta | \alpha) \prod_{n=1}^{N} p(z_n | \theta) p(w_n | z_n, \beta) \qquad (2-3)$$

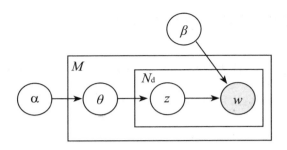

图2-2　隐含狄利克雷指派模型 [109]

注：表示视频的主题分布，w是视频中的视觉单词，均为观测变量；z是主题，为隐变量；α、β为狄利克雷分布的超参数。

为了识别新的样本，必须计算如下后验概率：

$$p(\theta, z \mid w, \alpha, \beta) = \frac{p(\theta, z, w \mid \alpha, \beta)}{p(w \mid \alpha, \beta)} \tag{2-4}$$

式中：θ为新视频样本的主题概率分布，即更高一层的语义特征，作为后续的分类器的输入。

通常式（2-3）、（2-4）的概率的解析计算是不可解的，在文献 [109] 中提出了采用变分推导的近似方法来求解概率的分布问题。

理论上，隐含狄利克雷指派模型克服了概率隐含语义分析模型的缺点，其对于主题分布、单词分布增加了两个超参数，可以更加精确地描述文档集的主题分布。如隐含狄利克雷指派模型取均匀狄利克雷分布，则退化为概率隐含语义分析模型了。

（二）主题模型在行为识别中的应用

Li Fei-Fei 等 [21] 首先将概率隐含语义分析模型（pLSA：probabilistic latent semantic analysis）以及隐含狄利克雷指派模型（LDA：latent Dirichlet allocation）引入静态图像的场景理解中，取得了优越的性能。在此基础上 Niebles 等 [110] 应用两类模型在视频数据集中实现了无监督的自动学习行为类别，并利用所学模型去分类新的样本以及在长视频序列中定位特定的行为，在实验中，发现概率隐含语义分析模型的性能略高，这被归因于每个行为类别的样本数较少且类间差异较大，以至于减弱了隐含狄利克雷指派模型的优势。

这两类主题模型的建立是基于单词包假设，即文档中单词是可交换的，缺省认为单词的顺序是可以忽略的，这在复杂场景下的行为识别情况下显然不是事实。在此之后，有许多研究者致力于改进主题模型，以提升分类精度。Shang[111] 等扩展了 LDA 模型，提出了时间隐主题模型，采用马尔可夫链建模视频序列的时间结构，在人脸表情数据库中的实验验证了模型的有效性。文献 [112] 提出了马尔可夫聚类主题模型，基于现存的动态贝叶斯网络模型和贝叶斯主题模型，通过鲁棒地聚类可见事件为动作，然后再聚类为时间动态的全局行为，然后再聚类为时间动态的全局行为，实验表明模型可以非监督地学习动态场景模型，可成功地挖掘行为和探测异常事件。上述文献均考虑将时间信息纳入主题模型当中，提升了模型的表现力。

以上文献在对原始特征编码阶段，均在提取底层特征后，采用 K 均值聚类形成码本，然后采用向量量化的方法对特征进行编码。向量量化将某一特征赋予与其距离最近的聚类中心（一般是欧氏距离），无疑会造成量化损失，这显然会影响到后续的分类识别性能。

Chatfield 等 [113] 分析比较了各类特征编码方法以及池化（pooling）方法在静态图像中识别目标的性能，实验证明软分配、稀疏编码等明显优于向量量化。主题模型将视频或者图片的单词包（bag of words）表示作为输入，这无疑使得特征的编码与归一化方法影响模型的表示能力。目前，还没有文献讨论在主题模型下，各类编码与归一化方法对于分类性能的影响。

在文献 [110] 中，概率隐含语义分析作为一个确定性模型，其性能高于隐含狄利克雷指派模型，而隐含狄利克雷指派模型的超参数的设定需要反复调整，且实验的可重复性较低，因此，本章以概率隐含语义分析模型为例，考察了归一化方法和编码方法对于模型的分类性能的影响，在 KTH 和 UT-interaction 数据库上的实验结果表明，分类性能一定程度上依赖于合适的编码和归一化方法组合。在前期工作的基础上 [114]，我们还探讨了采用主成分分析方法预处理原始特征对于最终分类性能的影响。

三、评估方法

如图 2-3 所示，我们的评估方法流程包含以下过程：首先，从视频中提取底层特征，采用诸如 HoG/HoF 等描述符来表示特征；然后，应用 k-means 算法形成码本；将所有特征编码并归一化，经求和池化得到每个视频的单词包表示；通过 E-M 算法学习主题分布模型；最后得到每个视频的主题概率分布表示，应用 SVM 进行分类识别。

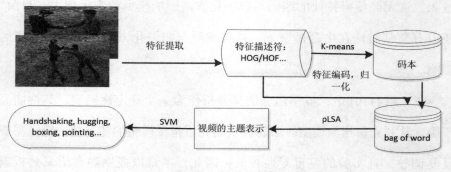

图 2-3　评估流程图

（一）特征提取和表示

特征的提取与表示是各类识别任务的第一步，对于识别的性能提升具有关键性的作用。目前计算机视觉中用得最多的特征提取方法为时空特征点（STIPs：spatio-temporal interest points）[85] 和轨迹特征 [24]，在多个数据库上，这两类方法都取得了优越的性能。本书中采用了这两类方法提取视频的特征，以下给出简短的介绍。

Laptev[20] 把 Harris 角点探测器扩展到了三维视频中，首先计算一个二阶矩矩阵：

$$\mu = g\left(.; \sigma_i^2, \tau_i^2\right) * \begin{vmatrix} L_x^2 & L_x L_y & L_x L_t \\ L_x L_y & L_y^2 & L_y L_t \\ L_x L_t & L_y L_t & L_t^2 \end{vmatrix} \qquad （2-5）$$

式中：$g\left(.; \sigma_i^2, \tau_i^2\right)$ 为高斯核函数；$L_\xi = \partial_\xi(g * f)$；$f$ 为视频的灰度值函数；σ_i，τ_i 分别为空间尺度和时间尺度因子。然后通过局域最大化 $H = \det(\mu) - \kappa \, \mathrm{trace}^3(\mu)$ 定位兴趣点。实验中我们采用了文献 [20] 的代码，缺省参数 $\kappa = 0.000\,5$，$\sigma^2 = 4, 8, 16, 32, 64, 128$，$\tau^2 = 2, 4$。然后计算每一个点的 4-bin 梯度直方图（HoG：histogram of oriented gradient）、5-bin 光流直方图（HoF：histogram of optical flow）描述符，串联起来组成 162 维的梯度光流直方图（HNF：histogram of gradient and optic flow）描述符。

正如 Wang 等[24] 指出的，视频的二维空间域与时间域的特性是截然不同的，所以跟踪时间域的特征点相比较于探测时空兴趣点是一个更好的选择。受图像识别中密集采样取得的成就所启发，他们采用了密集采样的轨迹而不是 KLT 跟踪器（Kanade-Lucas-Tomasi feature tracker）来捕捉运动信息。通过跟踪密集采样的特征点，多尺度的密集轨迹被提取了出来。在光流场 ω 中，第 t 帧的采样点 $P_t = (xt, yt)$ 通过中值滤波器被跟踪到第 $t+1$ 帧。

$$P_t = \left(x_{t+1}, y_{t+1}\right) = \left(x_t, y_t\right) + \left(M * \omega\right)\big|_{\left(\overline{x}_t, \, \overline{y}_t\right)} \qquad （2-6）$$

式中：M 是滤波核函数，$\left(\overline{x}_t, \, \overline{y}_t\right)$ 是 (x_t, y_t) 的近似位置。

由于需要跟踪密集采样的大量兴趣点，密集轨迹方法[24]在计算和内存耗费上代价较高，Peng 等 [115] 提出了基于运动边界的采样策略，修正了密集轨迹方法，通过计算相邻两帧的光流梯度得到运动边界图，去除不在运动前景中的点，在不损害判别性的前提下，大大降低了轨迹的数量。实验中我们采用文献 [115] 中的方法跟踪轨迹，然后提取 5 类描述符：shape（30 维）、HoG（96 维），HoF（108 维）、MBH（motion boundary histogram，192 维）和 HNF（204 维）。

（二）特征编码与归一化

在单词包模型中应用最广的是向量量化（vector quantization）编码方法，通过 K 均值聚类等方法得到码本后，采用最近邻方法找到与待编码特征距离最近的码字作为该特征的编码。

与向量量化不同，软分配编码[116]（soft assignment）根据每个特征与每一个聚类中心的距离得到一个表示其归属某一聚类的程度的因子 μ_{ij}：

$$\mu_{ij} = \frac{\exp\left(-\beta \| X_i - b_j \|_2^2\right)}{\sum_{k=1}^{n} \exp\left(-\beta \| X_i - b_k \|_2^2\right)} \qquad (2-7)$$

很明显，上述方法需要计算特征点与所有聚类中心的距离，这无疑是很耗时的。为了减少计算量，文献 [117] 提出了局域软分配编码方法（LSA：localized soft assignment），只考虑特征点的 k 个最近邻的单词进行编码，而把特征点与其他单词的距离设为无穷大，其中 k 的经验值为 5。如果 k 为 1，则软分配就退化为向量量化方法了。

文献 [117] 指出，池化方法对于性能有显著影响，一般而言，最大池化配合稀疏编码方法很有效。本书采用主题模型建模视觉单词的共现模式，而最大池化后直方图只能表明该码字是否出现过，没有出现频率等信息，因而本书不考虑最大池化方法。在实验中，采用求和池化，将视频的所有特征的编码直接相加，得到每个视频的直方图表示。

在视频中行为识别的研究中，通常归一化方法对于性能的影响一直被忽视。Peronnin 等[67] 采用指数归一化和 l_2 归一化结合费舍尔核方法在图像分类中取得了较好的识别率，说明选择合适的归一化方法可助益于性能的提升。在本书中，我们比较了 5 种归一化方法，设特征 F 维度为 K，第 k 维为 f_k，

l_1 归一化：$F = F / \sum_{k=1}^{K} |f_k|$；

l_2 归一化：$F = F / \sum_{k=1}^{K} f_k^2$；

指数归一化：$f_k = \mathrm{sign}(f_k)|f_k|^{\alpha}$，其中 α 一般取经验值为 0.5。

指数加 l_1 归一化（Pl_1–norm）、指数加 l_2 归一化（Pl_2–norm），则分别为指数归一化后再 l_1 / l_2 归一化。

（三）PLSA 模型设置

文献 [110] 将行为类别数对应于主题数，一个主题对应一类行为，实现了无监督的行为识别。本书所提方法与其区别是，主题不对应行为，而是表示单词间的共现模式，每个视频表示为主题的概率分布，作为更高一

层的中层语义表示，不同行为的视频样本，其主题分布也不同，最后利用线性 SVM 进行分类识别。在实验中，还考察了不同的主题数目设置对于分类性能的影响。

四、实验结果与分析

在视频中的行为识别中，数据库中视频样本间的差异，包括尺度、光照、拍摄背景以及拍摄视角的不同等，大幅增加了准确识别行为类别的难度。实验中我们采用了两个数据库：KTH 数据库和 UT-interaction 数据库。其中，KTH 数据库是较早提出也是引用数最高的数据库之一，背景相对比较简单，所包含的视频均为单人行为，在四个不同场景下 25 个人完成的 6 类动作共计 599 个视频样本，视频拍摄时的相机固定，拍摄视角不变，但视频样本中包含了尺度变化、衣着变化和光照变化。UT-interaction 数据库，包含有 6 类人人交互的动作：shaking hands、pointing、hugging、pushing、kicking 和 punching，总共 120 段样本，视频拍摄时的视角变化较大，尤其是数据集 2，包含了更多的相机运动，部分视频中还有无干系的行人，这给分类识别带来了很大的困难。由于样本有限且类内差异大，UT-interaction 数据库中的行为分类是个很困难的任务。

实验中采用了时空兴趣点和轨迹特征。为公平起见，码本的大小均设为 1 000，采用线性 SVM 进行分类识别。实验环境为 Intel Core（TM）i5，内存 4GB，Matlab2013b。

（一）KTH 数据库的实验结果

根据文献 [62] 的推荐设置，实验采用留一组法进行，599 个视频分为 25 组，在每一轮实验中，用 24 组视频做训练，利用所得模型测试保留的一组样本，然后平均 25 轮实验的分类精度。

首先，如图 2-4 所示，采用时空兴趣点特征，主题数目在 10 ～ 100 间变化的情况下，比较了不同的编码和归一化方法取得的分类精度。随着主题数目的增加，所有的编码方法均取得了明显的性能提升，但在主题数在 60 以后，性能变化不大。当采用向量量化和局域软分配编码时，总体识别率变化不大，而软分配编码对应的变化范围可达 4~5 个百分点。在图 2-5 中，展示了采用轨迹特征的 HNF、MBH 描述符对应的结果。与图 2-4 的结果有些类似，采用向量量化和局域软分配时得到的结果差距较小，不同的归一化方法对于识别率贡献有限，其中指数加 l_2 归一化在大部分的主题数目下均取得了最好的分类精度。随着主题数增加，性能大都有所提升，在主题数达到 80 时性能最好，随后有所下降。对于软分配编码，相比较于时空兴趣点的结果而言，分类性能有较明显的下降，并且采用不同的归一化方法性能起伏最大，超过了 15 个百分点。对于两类描述符，软分配编码倾向于和 l_2 归一化组合取得最优性能。

图 2-6 中列出了不同特征下的混淆矩阵，可以明显看出，在所有情形

中，走和挥手识别率最高，对应地，拳击和鼓掌识别率最低。这是符合预期的，从形体动作看，拳击和鼓掌都集中在上肢的动作上，相似度较高，而走和挥手，跟其余的行为区分度较大，因而获得近乎 100% 的识别率。采用轨迹特征时，肢体运动的轨迹信息被捕捉到，大幅增强了对行为的表示，尤其是采用 MBH 描述符时，将拳击和鼓掌的识别率最大增加了超过 20 多个百分点。

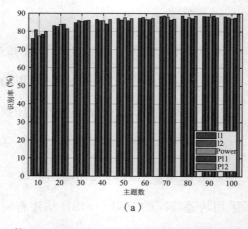

（a）

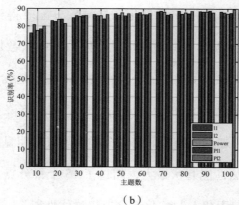

（b）

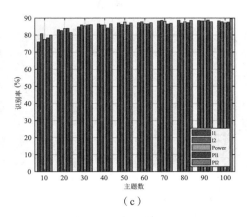

（c）

图 2-4　KTH 数据库中不同的编码和归一化方法性能比较

　　注：采用 STIPs 特征，描述符为 HNF。其中（a）～（c）分别为采用 VQ、LSA、SA 时的分类结果。

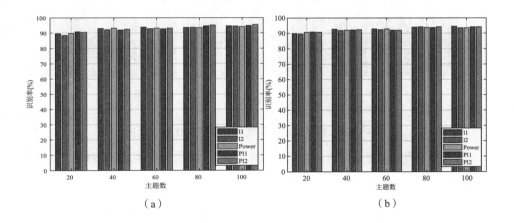

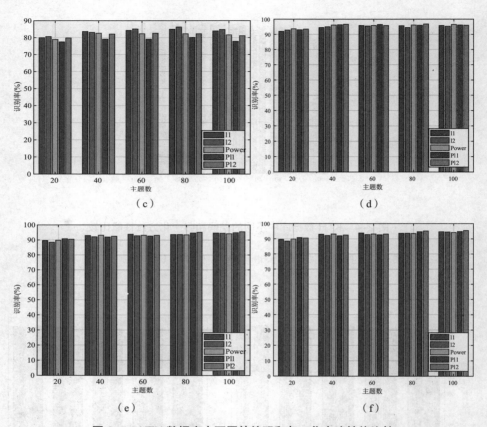

图 2-5　KTH 数据库中不同的编码和归一化方法性能比较

注：采用轨迹特征，（a）~（c）描述符为 HNF，（d）~（f）为 MBH。其中 1~3 行分别为采用 VQ、LSA、SA 时的分类结果。

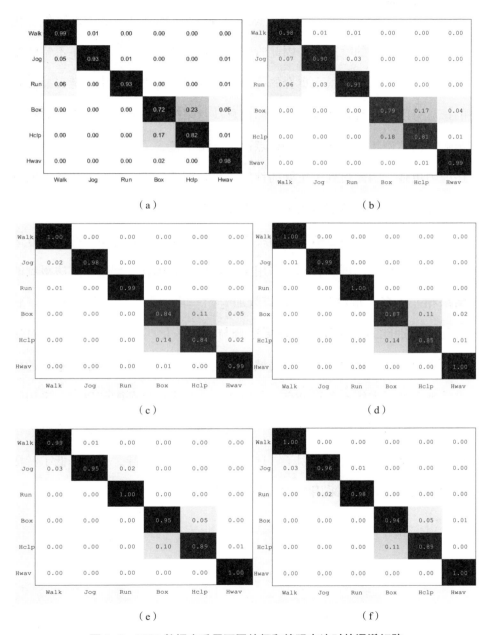

图 2-6 KTH 数据库采用不同特征和编码方法时的混淆矩阵

注：第 1~3 行分别采用 STIPs 的 HNF、轨迹的 HNF 和 MBH 特征；第 1~2 列分别采用局域软分配和向量量化编码。

从上述实验结果综合来看，KTH 数据库背景简单、单一，视角变化不大，特征包含的噪声小，因此时空兴趣点、轨迹特征均取得了不错的结果。对于形体动作有很大重合的行为，时空兴趣点由于过于稀疏，捕捉到的信息有限，并且兴趣点间的时间信息被忽略掉了，故而识别率受到较大影响；而轨迹特征相比时空兴趣点而言，由于包含了一定的时空信息，描述能力更强，因此得到了更好的性能。软分配编码将一个特征用所有的码本来描述，过度模糊了其判别性，因此性能最低。

在表 2-1 中我们总结了采用不同特征描述符联合各类编码归一化方法得到的最好性能，可以看到，采用向量量化和局域软分配编码方法得到的结果相差不多。指数归一化、指数加 l_2 归一化加强了向量量化和局域软分配的识别能力，而软分配则更适合与 l_2 归一化匹配。归因于密集轨迹的判别力，当采用向量量化和局域软分配编码时，轨迹比时空兴趣点的分类精度提高了大约 6 个百分点。与此相反，当采用软分配编码时，采用时空兴趣点时得到的结果更好一些。对码本中的每一个单词，软分配编码根据特征与单词的距离分配因子，这平滑了特征间的差异，从而降低了特征的判别性，尤其是当采用 MBH 描述符时。

表 2-1　在 KTH 数据库中不同编码和归一化方法的分类结果

单位：%

特征	编码方法	归一化方法				
		l_1-norm	l_2-norm	Power norm	Pl_1-norm	Pl_2-norm
HNF for STIPs	VQ	88.30	87.80	87.13	87.62	89.63
	LSA	88.81	88.30	89.49	89.30	88.46
	SA	87.81	88.31	85.63	85.96	85.64
HNF for DT	VQ	94.66	94.49	94.16	94.83	95.50
	LSA	94.49	93.49	93.50	94.15	94.17
	SA	83.97	84.80	81.62	77.80	81.12
MBH for DT	VQ	95.83	95.33	96.50	96.17	96.00
	LSA	95.00	94.83	95.17	94.65	95.66
	SA	72.11	77.46	72.62	60.93	72.80

我们采用时空兴趣点得到的分类精度为 89.63%，比文献 [110] 的结果提高了 6 个百分点。可以合理地假设，相似的行为具有相似的特征和主题分布。很明显，用混合主题概率分布描述行为优于把一个主题对应于一类行为的方法。主题模型的一个优势是可以把主题视为一个中层的语义特征，然后用主题来描述更复杂的行为。在不同的行为中，不可避免地存在相似的形体动作，例如拳击和拍手都有着类似的上肢运动，因此不同的行为分享相同的主题，每个特定的行为拥有自己的主题分布，这增强了特征的判别性。

（二）UT-interaction 数据库的实验结果

与 KTH 数据库只涉及单人行为不同，UT-interaction 数据库包含了多人交互行为，其中有些样本还包含了无关的行人，因此识别视频中的行为是个具有挑战性的任务。该数据库分为两个数据集，其中数据集 1 是在停车场拍摄的，而数据集 2 是在有风的草地场景下拍摄的，相比较而言，数据集 2 包含有更多的相机抖动。文献 [118] 中综合比较了各类方法的性能，其中在数据集 1 上，最好的结果为 88%，数据集 2 上为 77%。两个数据集的结果相差 11%，由此可见由于背景噪声、拍摄视角和相机抖动的原因，数据集 2 的识别要困难得多。实验中参照文献 [118] 中的设置，采用 10 折叠的留一组法，平均 10 轮后的结果作为最终的识别结果。

1. 采用时空兴趣点的实验结果

实验结果如图 2-7 所示，在三种编码方法中局域软分配编码取得了最高的准确度。在数据集 1 中，软分配和向量量化的结果类似。而在数据集 2 上，软分配的结果比向量量化最大下降了 10 个百分点，这可能归因于两个数据集不同的复杂度。在两个数据集上的精确度最高分别为 94.24%、83.67%，这比文献 [118] 的结果分别提升了 6.24、6.67 个百分点。需要特别指出的是，在数据集 1 上的结果接近于当前最好的结果。当主题数目大约是行为类别数的 10 倍时，性能达到最高，这与数据库的复杂度有关。当行为的复杂度提升时，需要有更多的主题来描述视频中行为的细节。

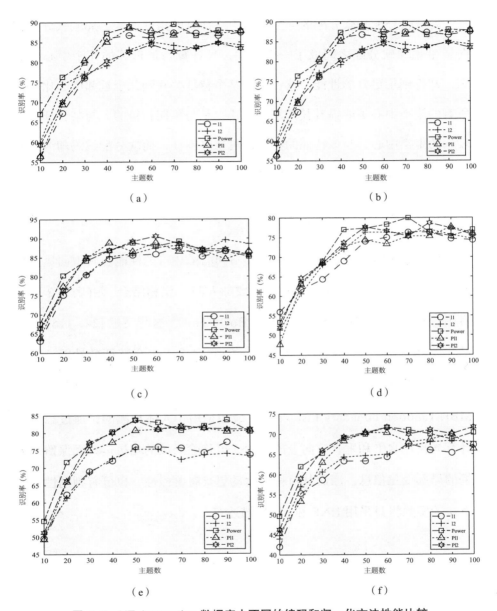

图 2-7　UT-interaction 数据库中不同的编码和归一化方法性能比较

　　注：采用 STIPs 特征，描述符为 HNF。其中（a）~（c），（d）~（f）是在数据集1和数据集2中分别采用 VQ，LSA，SA 得到的结果。

　　局域软分配是软分配的一个简化，从计算的角度而言，局域软分配在向量量化和软分配之间取了一个折中，只计算与最近邻的几个中心的距离，却得到了更好的性能，这说明将某个特征关联到几个近邻中心比关联所有的聚类中心更能提升其判别性，这也是与预期相符的，与某特征距离较远的聚类中心，与该特征的相关性可忽略不计，而软分配编码却为其分配了一个不为零的系数，从而模糊了其特质。

　　2. 采用轨迹特征的实验结果

　　实验中我们首先比较了轨迹 5 类不同的描述符的性能。其中向量量化和 l_1 归一化结合，局域软分配和指数加 l_2 归一化相结合。由表 2-2 可以看出，MBH 和 HNF 要优于 shape、HoG、HoF，这与文献 [24，115] 所得结论是相符的。一般而言，多个特征级联会优于单个特征的性能，HNF 将 HoG、HoF 链接起来，联合了两类描述符的优势，性能有了较大提升。MBH（motion boundary histogram）最初是用于人体探测的，通过独立地计算光流在水平和垂直方向上的梯度，可移除局域的相机运动而保留光流场的局部变化信息，因而其对相机运动更具有鲁棒性，也更有判别性。接下来的实验将只采用 HNF 和 MBH 描述符。

表 2-2　轨迹特征不同的描述符间的比较

单位：%

编码方法	描述符类别				
	shape	HoG	HoF	HNF	MBH
VQ #1	83.2	80	89.5	90.62	94.64
LSA #1	83.1	82.7	88.8	93.04	92.3
VQ #2	87.7	76	89.3	86.33	93.33
LSA #2	87.3	73.3	92	91.33	91.67

注：#1 and #2 分别表示数据集 1 和数据集 2 上的结果。

在图 2-8、图 2-9 中，比较了随着主题数的变化各个编码、归一化组合的识别性能。与时空兴趣点得到的结果一致，软分配编码大幅降低了特征的表示能力，值得注意的是，与 l_2 归一化相结合得到了明显高于其他归一化方法的结果。在数据集 1 中，指数归一化结合向量量化、局域软分配编码均取得了较高的性能。在数据集 2 中，HNF 描述符得到的结果跟数据集 1 一致，但采用 MBH 描述符时，l_1 归一化则更有优势。

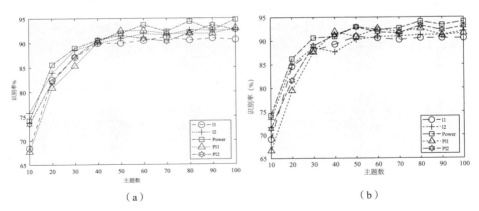

（a）　　　　　　　　　　　（b）

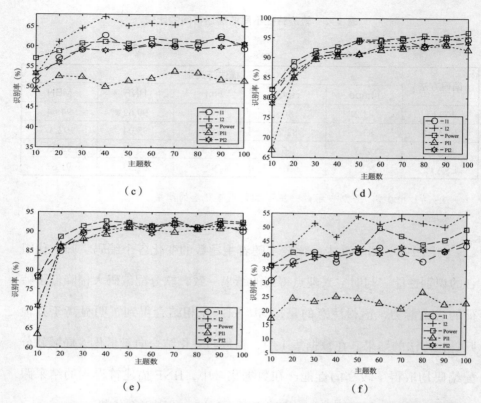

图 2-8　在数据库 UT 数据集 1 上数据库中不同的编码和归一化方法性能比较

注：其中（a）~（c）采用了 HNF 描述符，（d）~（f）采用了 MBH 描述符。（a）
~（c）、（d）~（f）分别对应向量量化、局域软分配以及软分配编码。

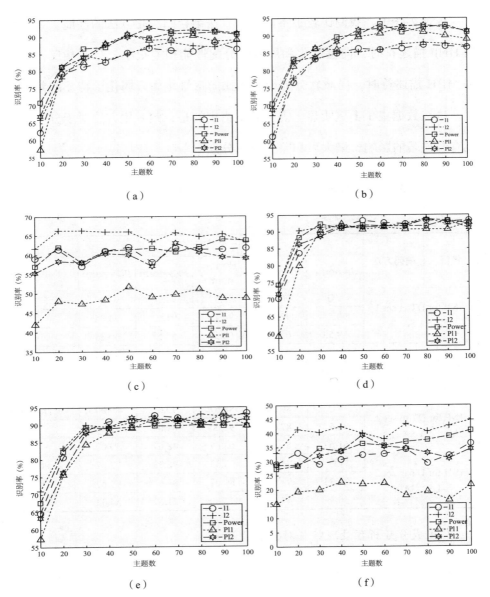

图 2-9　在数据库 UT 数据集 2 上数据库中不同的编码和归一化方法性能比较

注：其中（a）～（c）采用了 HNF 描述符，（d）～（f）采用了 MBH 描述符。（a）～（c）、（d）～（f）分别对应向量量化、局域软分配以及软分配编码。

在表 2-3 中，我们比较了不同编码方法结合归一化方法的性能。当采用 HNF 描述符时，向量量化和局域软分配性能相差很小。与此相反，采用 MBH 描述符时，局域软分配编码相比向量量化而言弱化了特征的判别性，这在数据集 1 上更明显。需要着重指出的是，归一化方法对于分类性能有着显著的影响，最大可相差 5 个百分点。

表 2-3　UT-interaction 数据库中不同的编码和归一化方法的性能比较

单位：%

特征	编码方法	归一化方法					
		l_1-norm	l_2-norm	Power norm	Pl_1-norm	Pl_2-norm	
HNF for DT in set 1 LSA SA	VQ	90.62	92.52	94.70	92.97	92.57
		90.57	92.08	94.10	91.62	93.04	
		59.53	65.18	60.51	51.57	60.86	
MBH for DT in set 1 LSA SA	VQ	94.64	95.37	96.44	92.04	93.90
		90.24	90.64	92.64	91.37	92.30	
		43.57	54.97	49.47	23.00	45.26	
HNF for DT in set 2 LSA SA	VQ	86.33	88.67	90.67	89.00	91.00
		86.67	87.00	91.00	89.00	91.33	
		61.67	63.33	63.67	48.67	59.00	
MBH for DT in set 2 LSA SA	VQ	93.33	93.33	92.33	92.67	91.00
		93.33	93.00	89.67	89.67	91.67	
		36.33	44.67	41.00	21.67	34.33	

3. 主成分分析预处理特征对性能的影响

在以上实验中，所有的特征均未做预处理。Jégou 等 [68, 119] 指出，主成分分析（PCA）通过选择子空间的解耦的正交基向量，最小化了降维产生的信息损失，在静态图像识别的实验表明，对原始特征做 PCA 预处理，在降低了特征的维度的同时，还提高了识别精度。受此启发，我们比较了不同的 PCA 维度下的行为分类结果。实验仍然采用了两类特征，其中时空兴趣点特征采用 HNF 描述符，轨迹特征采用了 MBH 描述符。

实验结果如图 2-10 所示，很明显，当 PCA 维度很低，如小于 16 时，识别率受到影响较大，但在维度达到 32 以后，识别率的变化趋缓，也就是说，当 PCA 降维到 32 时，保留了原来特征的大部分信息。大多数情况下，随着维度增大，识别率在达到最高值后有下降的趋势。

当特征为 STIPs 时，如图 2-10 中（a）~（j）所示，采用局域软分配编码所得分类精度明显高于向量量化，其中，在数据集 1 上两种编码方法差距较大，而在数据集 2 上两者之间的差距有所缩小。当 PCA 维度达到 64 时，对应的识别率达到最高或者次高点；而当采用轨迹特征时，如图 2-10 中（k）~（t）所示，则正好相反，向量量化性能更高一些，但是，LSA 和 VQ 两者的差距明显缩小，在数据集 2 上两类编码方法的差距较之采用时空兴趣点时进一步缩小。当 PCA 维度达到 128/160 时，对应识别率最高。

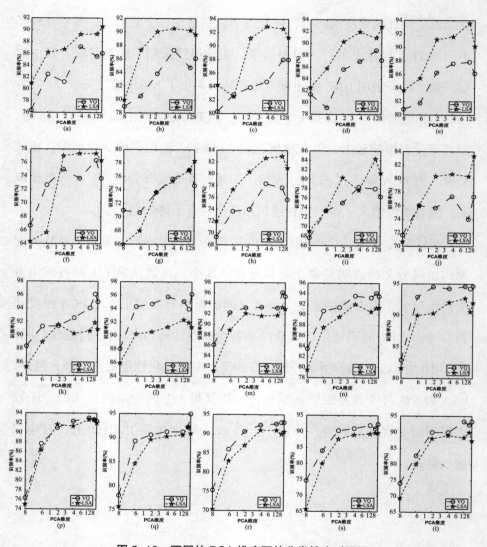

图 2-10　不同的 PCA 维度下的分类精度对照图

注：其中第一、二行为 UT-interaction 数据集 1 和 2 采用 STIPs 时的结果，第三、四行为采用轨迹特征时的结果。每一列分别对应 l_1 归一化、l_2 归一化、指数归一化、指数加 l_2 归一化（Pl_2-norm）、指数加 l_1 归一化（Pl_1-norm）。

对于数据集 1，采用 STIPs 和 DT 得到的最好的结果分别是 93.57%、96.1%，均接近于未做 PCA 预处理时的结果。值得注意的是，在数据集 2 上，我们分别得到了 84.33%、95% 的分类准确度，高于未做 PCA 预处理时 0.66、1.67 个百分点。由于数据集 2 上的特征包含有更多的噪声，采用 PCA 后在一定程度上抑制了噪声的影响，因此提升了识别率。而数据集 1 上背景相对单一，PCA 降低了特征的维度，而噪声的抑制不足以弥补特征的信息损失，性能稍有降低。

总体来看，主成分分析预处理原始特征，不但降低了特征维度，从而使得对于计算资源的要求降低，还保留了大部分具有判别性的主要信息，同时对于各种原因引起的噪声有抑制作用，实验中还进行了白化处理，降低了特征间的相关性，进一步提升了识别的鲁棒性能。

在表 2-4 中我们与其他文献的性能做了比较，在数据集 1 和数据集 2 上分别高于当前最好的性能 1.94、3.3 个百分点。值得指出的是，文献 [120] 在数据集 2 上联合了 HoG、HoF、shape，MBH 等四类描述符才取得了 91.7% 的准确度，而我们的实验中是独立采用了 MBH、HNF 两类描述符。

表 2–4　与其他文献的比较结果

单位：%

	shake	hug	kick	point	punch	push	total
#1[118]	70	100	100	100	70	90	88
#1[120]	100	100	100	100	67	100	94.5
#1Ours	100	100	100	96	82	100	96.44
#2[118]	50	90	100	100	80	40	77
#2[120]	90	100	100	100	70	90	91.7
#2Ours	94	100	94	100	84	100	95

注：#1 和 #2 分别表示数据集 1 和数据集 2 上的结果。

五、结果分析与讨论

上述实验结果表明，在采用时空特征点的 HNF 描述符时，局域软分配可获得优于向量量化和软分配的性能。尤其是在 UT–interaction 数据库中，效能提升显著，这说明在样本少、特征点稀疏的情况下，挖掘特征间的共现模式尤为重要。正如 2.4 节所示，密集轨迹相比时空兴趣点描述力更强，但我们的方法可以缩小两者的差距，尤其是在 UT–interaction 数据集 1 上，两者精度接近相等。

在采用轨迹特征的实验中，在多数情况下指数归一化 / 指数加 l_2 归一化提升了向量量化和局域软分配的判别力，而软分配更倾向于和 l_2 归一化结合在一起。局域软分配在一定程度上平滑了特征间的差异，这轻微地减弱了轨迹的判别性。而软分配过度的模糊编码导致了分类性能的急剧下降，其中 MBH 较之 HNF 下降更快，这可归因于 MBH 具有更高的判别力且对于特征间的平滑更敏感。

不同的归一化方法选择，对向量量化和局域软分配而言最大可以产生 5 个百分点的差距，而对于软分配最大可达到 30 个百分点。从实验结果看，密集轨迹较之时空兴趣点更易受到归一化方法的影响。

采用主成分分析方法预处理原始特征，对于提升识别的性能有重要影响。主成分分析将原始特征向特征分量上投影，客观上可以一定程度地抑制噪声，但与此同时，不可避免地带来信息的损失。这两方面的影响相互抵消，如果噪声成分大，抑制噪声取得的效用大，则带来识别率的上升，而信息损失效应大，相应的性能有所下降。另一方面，由于密集采样特征的性能优越，需要处理的特征数越来越多，尤其是对于视频信号来讲，计算量尤其大。而如果采用 PCA 预处理原始特征，将特征维度大幅降低而又保留大部分信息致使分类性能下降不多，这将大大降低计算量，提升反应速度，对于需要实时处理信号的应用而言，意义重大。

主题模型能够挖掘出隐含于众多特征点间的共现模式，这可以看作中间层的语义描述符，以此来表示视频中的行为，增强了特征的判别性。由于我们采用了标准的单词包框架，没有纳入任何特征点的时空信息，所以我们还不能确定挖掘出的隐主题对应的实际元动作，但无疑，这类高于底层特征的高层语义，有效提升了识别性能。如何引入特征的时间以及空间信息到模型中，有待于进一步的研究。

六、本章小结

包括概率隐含语义分析模型在内的主题模型，可在视频特征空间中发掘视觉单词间的共现模式，提升了特征的表现能力，因此在行为识别研究领域应用广泛。为了进一步提升概率隐含语义分析模型在行为识别中的分类精度，本章详细考察了编码和归一化方法对于性能的影响，实验表明合适的编码和归一化方法组合将显著改进模型的分类性能。另外，我们还检验了主成分分析预处理原始特征对于性能的影响，当原始特征包含有较多的噪声时分类性能甚至有所提升。在 UT-interaction 数据库的两个数据集上达到了当前最好的性能。接下来的研究将放在如何把隐主题和元动作，即不同肢体运动联系起来。

第三章　行为相似度识别的过完备稀疏方法

一、引言

理解人的行为并进而做出决策是行为识别的目标，而人的行为是很复杂的，也是多种多样的，尤其是在真实场景中。一些行为类别有很大相似性的，比如慢跑（jogging）、跑（running），从形体动作来讲，很难区分，区别就是速度和步幅，而速度和步幅的临界点也因人而异且不容易客观地判定，因此行为类别的标签也不全是显而易见的，存在歧义的可能；而有些行为，是多个元动作组成的，比如跳远，先是助跑，然后再腾空跳，单纯看某个阶段，比较明确，但总体来看就有歧义了，由计算机去识别的话，前一阶段的特征和跑是一致的，后一阶段与跳是类似的，识别率可以预期是不高的；在行为的持续过程中，有些是与环境无关的，如跑、跳，而有些行为涉及与环境或者物体的互动，如上车、下车、打网球等，对前者而言把背景滤除即可大幅提高识别性能，而这对于后者则是不适用的。目前已发布的数据库大部分行为类别标签较少，样本持续时间比较均衡，如在受控环境下拍摄的 KTH 只有 6 类，Weizmann 数据库有 10 类；而复杂度更高的 Hollywood-2[36] 数据库有 12 类，而 UCF101 数据库的行为类别数目大幅提升至 101 类。

目前所发布的行为识别的视频数据库，大都是以识别具体的行为类别为目的，每一个行为类别对应若干个样本，识别时，将所有的样本划分为训练集和测试集，其中训练集和测试集中包含了相同的行为类别标签，但样本不重复。一般情况下，测试算法的性能流程为，先在训练集上执行算法得到行为识别的模型，然后在测试集上检验分类性能的好坏，以评估算法的优劣。与上述数据库不同，以色列魏茨曼科学研究院（Weizmann Institute of Science）、以色列开放大学（Open University of Israel）、特拉维夫大学（Tel Aviv University）共同发布的动作相似度数据库（ASLAN：Action Similarity Labeling）[103]，涵盖了 400 多个复杂动作类别，其目标不是对行为类别进行分类，而是提出了一个二值性问题，即"行为形似""行为不相似"，即判断两个行为是不是相似，而不是将某个样本归属于某个行为类别。

ASLAN 数据库的目的是探究是什么使得动作不同或者相似，从更广的角度看，行为识别和异常行为探测，都与动作之间是否相似有关，两个动作如果相似度高就归为一类，一个动作如果与所有模型都不相似，即可认定是一个异常的行为发生。在计算机视觉的各类识别任务中，大都需要有标记的样本作为训练集，随着数据库规模愈来愈大，样本标记所需代价愈来愈高，如果能够以有标记的小样本集为基础，根据相似与否去识别未知的视频，进而进行自动标记，无疑会大幅降低成本，也为迁移学习带来新的思路。因此，研究动作之间是否相似，因何相似，对更深入地理解视频中的行为是很有价值的。

数据库视频样本的拍摄场景、角度有很大的不同，有些不相似样本如打棒球与打电话，形体动作上相似度很大，极容易混淆，这使得该数据库的识别任务更困难。

二、相关研究

在多类行为识别的任务中，一般流程是预先在训练集上寻找各个行为类别的模型，然后在测试集上检测训练得到模型的辨识性。其中，测试集和训练集所包含的视频样本是互斥的，但是，所包含的行为类别是一样的，即测试集上的行为类别均已在训练集上学习得到了相关的模型。而ASLAN 数据库针对的行为相似与否的问题，探究的是理解如何使得两个视频中的行为相似，而不是针对某个具体的行为类别建模其表示模型，并且比测试集和训练集样本互斥更进一步，其测试集和训练集中的行为类别是隔离的，即测试集中样本的行为类别是训练集所未见的，因此单单学习某个行为类别的表示是不够的，必须寻找行为相似的原因才能满足识别要求，这也使得"二值识别"问题更具有挑战性。

Kliper-Gross 等[103]采用时空兴趣点特征和词袋模型来描述视频中的

行为，综合 12 类相似性度量（如欧几里得距离、余弦距离等）得到的基准识别率不到 60%，由此可以看到，这是个极具挑战性的数据库。文献 [121] 提出了单次相似度量学习方法（OSSML：One Shot similarity Metric Learning），通过学习一个映射矩阵将初始特征空间映射到子空间改善了相似 / 不相似样本对之间的单次相似关系，在 ASLAN 数据库的实验表明 OSSML 方法比基准方法提升了 4 个百分点。文献 [122] 提出了运动交换模式（MIP：motion interchange patterns），通过编码运动方向和运动的局部变化，将形状和运动解耦合，通过定制的编码方案补偿全局相机运动。为了更好地描述运动的结构，在文献 [122] 的基础上 Hanani 等 [123] 将 MIP 编码应用在基于梯度的特征描述符上以增强对光照变化的不变性，提出了两类改进的 MIP：histMIP（a histogram of gradient orientations）和 DoGMIP（the difference of gaussians representation），分别采用梯度方向直方图和高斯表示的差分来代替 MIP 中的块表示，联合所有种类的 MIP 改进了分类性能。费舍尔向量（FV：Fisher vector）、局域聚合描述符向量（VLAD：vector of locally aggregated descriptors）在静态图像的识别任务中取得了很好的性能，Peng 等 [124] 第一次将其应用到视频行为相似性识别问题上，提出了大边沿降维方法（LMDR：large margin dimensionality reduction），通过随机梯度下降法优化铰链损失函数学习得到映射矩阵，在减小相似样本距离的同时，增大了不相似样本的边沿，改进了 VLAD 和 FV 的性能。Qin 等 [125] 在压缩感知理论和序列学习的基础上提出了压缩序列学习方法（CSL：compressive sequential learning），利用压缩感知理论中的受限等距特性（restricted isometry property）的稀疏随机映射矩阵将特征点投影到低维空间中，其中点与点之间的距离得以保留，然后将相似度量作为贪婪优化问题，采用全局自举技术并优化用于成对数据的非线性弱分类器来求解，最后采用线性分类器来解决相似性标记问题。Papoutsakis 等 [126] 将视频表示为完全无向图，封装了对象类型及其互动信息，基于二分图编辑距离（GED：graph edit distance）估算视频对的相似性，在 CAD–120 数据库上取得了与有监督学习方法相当的精度。

　　视频稀疏编码在计算机视觉的各类任务中应用广泛，尤其在静态图像的识别中取得了优越的性能。Yang 等 [127] 通过多空间尺度最大池化的稀疏编码特征，提出了基于 SIFT 稀疏特征的线性空间金字塔方法。在此基础上，文献 [128] 提出了有监督的平移不变的稀疏编码方法，对多个空间尺度进行最大池化操作，得到了与卷积神经网络相似的评议不变特性。文献 [129] 提出了与局部坐标编码（LLC：local coordinate coding）类似的方法，通过混合稀疏编码模型产生一个过完备的码本，可以高效地产生高维的数据表示，以局域线性的方式近似学习训练数据的非线性流形，该方法在 PASCAL VOC2007/2009 数据库上得到了优越的性能。Zhou 等 [130] 提出了在整个数据库、单个图片以及单个的图像块等三个层次上分层高斯化方法（HG：hierarchical Gaussianization），在贝叶斯框架下学习图像特定的 GMM 以使得信息在不同的图片间共享，将所有的 GMM 的参数以及统计量串接起来作为超级向量来表示图片，然后经有监督的降维处理进一步增强表示的判断力。与文献 [130] 采用 GMM 建模每个分量不同，文献

[128] 利用稀疏编码来捕捉局域的非线性信息。

目前还未见在稀疏编码相关方法在行为相似度识别方面的应用，受文献 [129，130] 的启发，本章提出了过完备稀疏编码的行为相似识别方法，首先通过高斯混合模型对训练集中抽样得到的特征子集进行训练，然后针对每一个混合模型分量，学习得到子码本，综合各分量的码本即得到超完备的码本集；对特征编码时，先对特征利用高斯混合模型进行分类，为了保留更多的特征信息，采用软分配的方法，保留概率最大的三个分量，并对三个概率分量归一化；对归属于混合模型的各个分量的特征，采用相对应的码本进行稀疏编码；最后采用支持向量机进行分类识别。

三、基于高斯混合模型的过完备稀疏方法

系统框架图如图 3-1 所示，首先，对训练集中的视频特征，按照一定比例（10%）随机抽取样本，采用主成分分析方法预处理后，然后训练高斯混合模型；针对每一个高斯分量，学习相对应的字典，这样就得到了超完备的字典；采用稀疏编码方法对所有特征编码，对于每个视频样本，采用概率加权的池化方法对特征进行统计得到每个样本的表示；针对每一对视频，采用文献 [103] 的方法计算 l_2 类距离组成的距离向量以表示视频对，最后采用支持向量机模型进行分类识别。

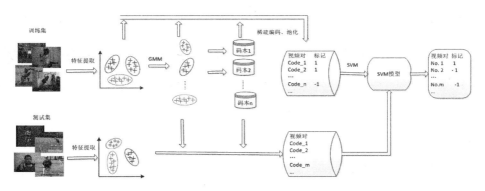

图 3-1　系统流程图

（一）特征提取

在手工设计的特征中，密集轨迹特征在当前视频识别的各项任务中均取得了优越的性能，在实验中我们采用文献 [115] 的方法提取轨迹特征，并采用四类描述符：96 维梯度直方图（HoG）、108 维光流直方图（HoF）、30 维轨迹形状描述符以及运动边缘直方图（MBH）。其中，轨迹形状描述符采用沿轨迹的坐标变化序列向量来表示，帧间的坐标变化为 $\Delta p_t = (x_t - x_{t-1}, y_t - y_{t-1})$，轨迹描述向量为（$\Delta p_{t+1}$, Δp_{t+2}, $\cdots$, Δp_{t+l}），缺省取轨迹长度为 15 帧，这样就得到 30 维的向量，然后采用 l_2 归一化方法得到最终的描述符：

$$S = \frac{(\Delta p_{t+1}, \Delta p_{t+2}, \cdots, \Delta p_{t+l})}{\sum_{i=1}^{l} \Delta p_{t+i}^2} \qquad （3-1）$$

HoG 着重于描述静态表观信息，而 HoF 则捕捉局域的运动信息，将两者直接串接起来作为 204 维梯度和光流直方图（HNF），则可联合 HoF

和 HoG 两者的优势。运动边缘直方图将光流场分成水平、垂直两个分量，在每一个分量上取差分，将方向量化为 8-bin 的直方图，方差的幅度作为权重，在每个方向上均得到 98 维的向量，实验中，我们将两个方向上的向量串接起来作为 MBH 描述符。

（二）高斯混合模型

Yu 等 [131] 认为，在许多关于高维度据的图像识别问题中，之所以没有观测到"维度灾难"的现象，原因在于在高维特征空间中，特征数据常常归属于维度小得多的流行结构上。文献 [129，131] 的研究表明，在高维特征空间中，局域性的重要性大于稀疏性，即稀疏编码的字典和编码的特征要在同一个流形结构上。因此，我们采用高斯模型学习特征空间的局域子流形结构，在每一个分量上学习一个特定的字典，这样既保障了编码的稀疏性，又使得编码是在局域进行。

在文献 [129] 中，混合模型的训练和字典的学习耦合在一起进行。由于在行为相似度识别问题中，训练集和识别集的行为类别相互隔离，互不相属，混合模型训练和字典学习同时进行无助于问题求解。因此在模型中，我们把这两个过程解耦合，即混合模型和字典学习单独进行，在每一个混合模型分量中，独立进行字典学习，由此稀疏编码即在局域进行，相似的特征有着相似的编码。

在数据挖掘、统计数据分析以及模式识别等领域，高斯混合概率模型是应用非常广泛的对数据进行软聚类的模型 [132]。理论上，给定足够多的高斯分量，可以任意精度地逼近特征数据的概率分布。在模型实现中，我们采用流行的 E–M 算法进行混合模型的学习，下面简述一下该模型的学习过程。

特征数据的分布可以看作 k 个高斯分量的线性组合分布，

$$p(x) = \sum_{k=1}^{K} \pi_k N(x \mid \mu_k, \Sigma_k) \tag{3-2}$$

式中：K 为混合模型的分量数目；π_k 为第 k 个分量的概率先验；$N(x \mid \mu_k, \Sigma_k)$ 为第 k 个分量的正态分布；μk，$\sum_k$ 分别为第 k 个分量的均值、协方差矩阵。在模型实现中，为提高计算效率起见取协方差矩阵为对角阵。

混合概率分布的对数似然函数为

$$\ln p(X \mid \pi, \mu, \Sigma) = \sum_{n=1}^{N} \ln \left\{ \sum_{k=1}^{K} \pi_k N(x \mid \mu_k, \Sigma_k) \right\} \tag{3-3}$$

由于无法求得解析解，通常采用 E–M 迭代算法求解：

E 步：对于给定的特征 x_i，其由混合模型第 k 个分量生成的概率为

$$\gamma(i,k) = \frac{\pi_k N(x_i \mid \mu_k, \Sigma_k)}{\sum_{j=1}^{K} \pi_j N(x_i \mid \mu_j, \Sigma_j)} \tag{3-4}$$

M 步：采用 E 步的结果重新估算混合模型各个分量的参数，对于每一个分量而言都是一个标准正态分布：

$$\mu_k = \frac{1}{N_k} \sum_{i=1}^{N} \gamma(i,k) x_i \tag{3-5}$$

$$\Sigma_k = \frac{1}{N_k}\sum_{i=1}^{N}\gamma(i,k)(x_i-\mu_k)(x_i-\mu_k)^{\mathrm{T}} \tag{3-6}$$

$$\pi_k = \frac{N_k}{N} \tag{3-7}$$

式中：

$$N_k = \sum_{i=1}^{N}\gamma(i,k)$$

求式（3-3）中的似然函数的值，如不收敛，重复以上 E 步、M 步的迭代过程，直到似然函数收敛的条件得到满足。

（三）字典学习与稀疏编码

针对每一个高斯混合模型的分量所属的训练集特征，单独学习字典。字典学习方法对于稀疏编码是很重要的[133, 134]，Li 等[135]采用迭代块处理方法，为了在约束下最小化代价函数需要访问所有的训练集数据，这使得其算法不能有效处理大型的数据集，文献 [133] 提出了基于随机逼近的在线优化算法来学习稀疏编码的字典，将字典学习归结为以下最优化问题：

$$\min_{D\in C,\alpha\in\mathbf{R}^{J\times I}}\sum_{i=1}^{I}\left(\frac{1}{2}\|x_i-D\alpha_i\|_2^2+\lambda\|\alpha_i\|_1\right) \tag{3-8}$$

上式中：$(x_1, x_2, \cdots, x_I)$ 为归属于某个混合模型分量的特征集；D 为学习的字典；α_i 为第 i 个特征的稀疏编码向量；而集合 C 则是为了防止字典出现任意大的数据以至于稀疏编码出现特别小的数值而对字典 D 的一个约束：

$$C \triangleq \{D\in\mathbf{R}^{J\times M}\ \mathrm{s.t}\ \forall j=1,\cdots,J, d_j^{\mathrm{T}}d_j\leqslant 1\} \tag{3-9}$$

文献 [136] 研究表明，采用 k 均值聚类算法得到的字典也可以得到满意的分类结果。由于 k 均值算法可以快速实现聚类，在实验中我们采用以上两种方法学习字典并比较了其性能。

在得到各个分量的字典后，采用正交匹配跟踪算法（OMP：Orthogonal matching pursuit algorithm）去计算每个特征的稀疏编码。给定特征 x 和字典 $\boldsymbol{D}$，稀疏编码是一个 NP 难问题的近似解：

$$\min_{\alpha \in \mathrm{R}^p} \| x - \boldsymbol{D}\alpha \|_2^2 \ \mathrm{s.t.} \| \alpha \|_0 \leqslant L \qquad （3\text{-}10）$$

为了计算效率起见，该方法首先计算协方差矩阵 $\boldsymbol{D}^\mathrm{T}\boldsymbol{D}$，然后对于每一个特征，采用 Cholesky 算法对 $\boldsymbol{D}^\mathrm{T}x$ 进行分解。

（四）概率加权的池化表示

对于稀疏编码而言，通常采用最大池化的方法统计一个视频的特征信息并得到视频的最终表示。虽然在许多识别任务中得到了很好的性能，但是无疑也遗漏了许多信息。

本章采用文献 [129] 的编码方法，对于一个视频，其特征为：集 $F = [x_1, x_2, x_3, \cdots, x_N]$，对于某一特征 x_n，其归属于混合模型分量 $z_n \in \{1, 2, 3, \cdots, K\}$ 的后验概率为：$p(z_n|x_n)$，稀疏编码为 α_n，则视频的表示可用如下向量表示：

$$V_f = [\sqrt{\pi_1}\mu_1, \sqrt{\pi_2}\mu_2, \cdots, \sqrt{\pi_K}\mu_K] \qquad （3\text{-}11）$$

式中：$\mu_k = \dfrac{\sum\limits_{n=1}^{N} p(z_n = k \mid x_n)\alpha_n}{\sum\limits_{n=1}^{N} p(z_n = k \mid x_n)}$ 是归属于第 k 个混合模型分量的特征的稀疏编码概率加权平均值。

在得到每个视频的编码表示以后，根据文献 [103] 的建议，对于每一个视频对，计算两个视频 V_1、V_2 的 l_2 类距离组成距离向量作为视频对的表示：

（1） $\sum(V_1 \times V_2)$；

（2） $\sqrt{\sum(V_1 \times V_2)}$；

（3） $\sqrt{\sum(\sqrt{V_1} \times \sqrt{V_2})}$；

（4） $\sqrt{\sum \dfrac{V_1 \times V_2}{V_1 + V_2}}$；

（5） $\sum(V_1 \times V_2)/(\sqrt{\sum V_1^2} \times \sqrt{\sum V_2^2})$；

（6） $\sqrt{\sum \dfrac{(V_1 - V_2)^2}{V_1 + V_2}}$；

（7） $\sum |V_1 - V_2|$；

（8） $\sqrt{\sum(\sqrt{V_1} - \sqrt{V_2})^2}$；

（9） $\sqrt{\sum(V_1 - V_2)^2}$；

（10） $(\sum V_1 \log \dfrac{V_1}{V_2} + \sum V_2 \log \dfrac{V_2}{V_1})$；

（11） $\sum \dfrac{\sqrt{\max(V_1, V_2)}}{\sqrt{(V_1 + V_2)}}$；

（12） $\sum \min(V_1, V_2)/(\sum V_1 \sum V_2)$。

为了防止某类距离数值过大而在识别时占优，针对得到的距离向量的每一个维度，都采用 l_2 正则化方法进行归一化处理。

四、实验结果与分析

（一）实验设置

实验在 ASLAN 数据库上进行，根据文献 [103] 所建议的实验设置，采用十折叠留一组法，将所有样本分为 10 个子集，每一子集有 600 对视频，其中 300 对视频是相似的样本，另 300 对视频是不相似的样本，组与组之间的行为类别互不包含，即每一组视频的行为类别都是独特的。以 9 组视频作为训练集，剩余 1 组作为测试集，共进行 10 轮实验，最后平均所得到的是分类识别率。实验所采用的视频总数为 3 017，类别数为 370，在同一个子集内，视频可以复用，但每个视频样本只出现在一个子集中，并且每一组间行为类别也是隔绝的，即每个组包含的行为类别是不同的，这保证了各个子集间相互独立。

（二）参数选择

第二章以及 Jégou 等 [68, 119] 的研究表明，对于原始特征采用主成分分析方法进行预处理，在降低了计算量的同时，由于在一定程度上去除了各种噪声干扰从而助力于分类性能的提升。

从表 3-1 和图 3-2 可以看出，分类精度随着主成分分析的维度而不断变化，当描述符采用轨迹形状描述符时，则 PCA 维度为 15 时，分类性能达到最大。而当采用 HNF 和 MBH 描述符时，则在 PCA 维度为 80 时，性能最好。也就是说，当原始特征的维度压缩为原来的二分之一到三分之一时，分类性能有所提升，这主要归因于主成分分析在压缩特征信号时，最大限度地保留了有用信息。这与第二章的结果是一致的。无论采用何种模型去建模视频中的行为，对于原始特征的主成分分析预处理操作，都将助力于最终分类性能的提升。

表 3-1 不同的 PCA 维度下的分类精度

PCA 维度	8	16	30
分类精度（%）	56.95	57.20	55.65

注：特征描述符为轨迹形状描述符。

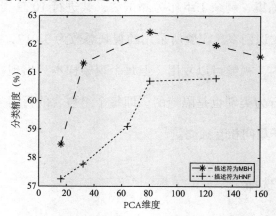

图 3-2 不同 PCA 维度的分类精度对照

注：描述符分别采用 MBH、HNF。

采用高斯混合模型对特征空间的子流形空间进行学习，实际上对于每一个特征而言相当于软分配，根据后验概率不同，一个特征分别以不同的概率从属于几个不同的混合模型分量，以第 9 个子集为例，共包含了 355 个视频文件，一共有 8 672 491 个特征，平均每个视频有 24 430 个特征。如表 3-2 所示，前三个分量的平均概率之和 94.67%，其余分量才 5.33%，为了避免过度平滑进而降低特征的表现力，后续实验中我们取特征的概率最大的前三个分量，其余分量概率置为零，并将三个分量的概率重新归一化。

表 3-2　特征归属的前 5 个分量对应的后验概率

分量	1	2	3	4	5
概率最大值（%）	1.000 0	0.500 0	0.331 6	0.240 3	0.186 2
概率最小值（%）	0.110 3	0	0	0	0
概率平均值（%）	0.737 0	0.154 6	0.055 0	0.024 2	0.012 1

对于每一个混合模型分量，都对应一个大小为 J 的字典，则总体而言字典规模为 $K \times J$，其中混合模型分量的数目 K 影响了对于特征空间的子流形空间的划分和学习，字典的大小 J 则影响了对于子流形的描述，这都将作用于最终的分类上。从经验上而言，字典规模需要适中，过大过小都会削弱对特征的表示能力。表 3-3 的结果符合我们的预期，在后续的实验中，字典大小选择 64×64。

表 3-3　字典规模对于分类性能的影响

字典规模（$K \times J$）	64×64	32×128	64×128	128×128
分类精度（%）	60.70	58.78	59.83	59.53

注：采用 HNF 描述符，PCA 维度为 80。其中，K 为混合模型的分量数目，J 为每一个分量的字典单词数目，总的字典规模为 $K \times J$。

对于每一个视频最终得到的编码表示，维度为 $K \times J$，每一个混合模型分量占据 J 维，为了避免分量之间的数据差距过大引起的某个分量在最终分类占优的情况，对于每一个分量，单独进行归一化操作，归一化方法采用第二章所采用的五类方法，l_1 归一化、l_2 归一化、指数（Power）归一化、指数加 l_1 归一化（Pl_1-norm）以及指数加 l_2 归一化（Pl_2-norm）。如表 3-4 所示，我们采用了 MBH 描述符做了实验，结果表明，指数归一化相比于其他方法显著提升了分类结果，最大差距有 5 个百分点，在后续实验中，我们均采用指数归一化对编码进行处理，然后再进行分类学习。

表 3-4　归一化方法对于分类性能影响

归一化方法	l_1	l_2	Power	Pl_1-norm	Pl_2-norm
分类精度（%）	56.8	58.86	61.56	56.8	58.86

注：描述符采用 MBH，PCA 维度为 80，字典大小为 64×64。

（三）不同特征描述符的性能比较

针对 10 个测试子集，我们比较了三类描述符的性能，如表 3-5 所示。首先，从表中数据可以看出，MBH 描述符在几乎所有的测试子集中都得到了最优的结果，而形状描述符对应的结果是三者当中最低的，HNF的分类精度则介于 MBH 和形状描述符之间。这与我们的预期是相符的，MBH 描述符通过独立地计算光流在水平和垂直方向上的梯度，可移除局域的相机运动而保留了光流场的局部变化信息，因此具有更强的鲁棒性和判别能力，HNF 则联合了 HoF 和 HoG 两者的优势，特征表现能力仅次于MBH，这与其他文献得到的结果是一致的[114,124]。其次，在 10 次测试中，分类结果明显不均衡，起伏较大，形状描述符的分类精度差距最大可达 7个百分点，MBH 和 HNF 两者相近，最大可达 10 个百分点，这可能与视频样本的特征不均衡分布有关。

在图 3-3 中，绘出了三类描述符对应的接收者操作特征曲线（ROC曲线：receiver operating characteristic curve），ROC 曲线下的面积（AUC：area under the curve of ROC）常用来表示分类性能的优劣，从图中可看出，MBH 的分类性能略优于 HNF，而形状描述符性能最差。

表 3-5　采用不同描述符得到的分类精度

单位：%

测试集	1	2	3	4	5	6	7	8	9	10
shape	57.00	54.00	58.50	56.33	53.50	56.83	60.17	60.67	57.66	60.50
HNF	61.67	56.17	59.50	63.00	57.67	57.33	61.00	63.33	66.50	64.83
MBH	64.33	58.33	62.17	62.83	62.33	59.50	61.50	63.83	68.67	65.33

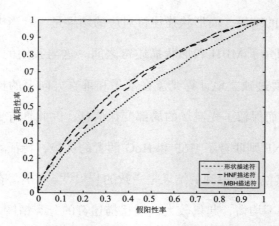

图 3-3　不同描述符对应的 ROC 曲线

（四）与主流算法的性能比较

如表 3-6 所示，本章所提方法联合三类描述符比文献 [103] 的基准方法性能提高了近 4 个百分点，这主要归因于过完备的稀疏编码对于特征空间的描述，通过高斯混合模型将特征空间做了切分，在子流形结构上再采用小规模的码本即可描述空间的结构，从而降低对计算能力的要求，而从总体而讲，码本又是过完备的，对于特征的编码是非常稀疏的。从分类结果看，过完备的稀疏编码对于复杂视频中的行为具有较强的描述能力。文献 [121] 采用了度量学习技术来改进 OSS（one-shot-similarity）分类框架，得到的识别率略低于本章的方法。Peng 等 [124] 采用 VLAD 方法编码特征，联合主成分分析进行降维时得到的识别率为 60.25%，采用费舍尔向量编码特征时，识别率为 63.43%，即本章方法超过了基于 Fisher 向量和 VLAD 的方法，而这两类编码方法统计了特征的分布特征，在多个计算机识别任务中均有出色表现。文献 [124] 在费舍尔向量和局域聚合描述符向量基础上，采用大边沿降维方法（LMDR：large margin dimensionality reduction）同时进行降维和相似学习，所得识别率优于本章方法。但是由于降维是在费舍尔编码和 VLAD 之上进行的且将降维和分类识别耦合在一起，不利于解释行为相似，且不能迁移到其他数据库的分类任务中去。而本章方法把对行为的表示和分类识别分开来处理，并且由于字典学习是在底层特征的子流形中进行，这有助于理解视频中行为相似的原因以及迁移到其他数据库的识别任务中。

表 3-6　本章方法与其他文献的性能比较

	本章方法				文献 [103]	文献 [121]	文献 [124]		
	shape	HNF	MBH	ALL			FV	VLAD	LMDR
识别率 （%）	57.52	61.10	62.88	64.40	60.88	64.25	63.43	60.25	68.72
AUC（%）	60.00	65.40	67.20	69.00	65.30	69.10	69.30	64.82	75.4

（五）结果分析与讨论

从以上实验数据以及相关文献的分类结果看，相比较于主流的数据库，在 ASLAN 数据库上的分类精度不高，还有较大的提升空间。目前广泛应用的大多数视频数据库上的行为识别分类任务，都是旨在训练集上建立对于不同行为的模型，然后再在未知的视频测试集上进行分类识别，其中，训练集和测试集共享相同的行为类别，当然，相同行为类别间存在着或多或少的类间差异。而 ASLAN 上的分类任务则不同，分类目标是一个两值问题，即视频对中的行为"相似"或者"不相似"，这看起来比分类识别少则七八类多则上百类的行为任务好像更为简单些，实际则不然，主要原因归结为在分类任务的设置上，测试集和训练集在行为类别上是独立的，其目标是寻找行为相似的原因，而不是对单独的视频行为建模，这也是本章解耦合学习过程和识别过程的原因，通过高斯混合模型对于特征空间中的子流形的刻画，用视频特征在子流形上的分布特征来确定相似与否。

从 10 测试集的实验结果看，识别精度差异较大。ASLAN 数据库的视频来源非常广泛，这也决定了视频数据的分布不均衡：一是实验样本的不均衡，各个行为类别的样本数差异较大；二是视频对的特征分布不均衡。

由于视频的时长、分辨率以及背景等相差很大，各个视频中抽取的轨迹数目相差巨大，数据库第 9 个子集中，最大轨迹数为 872 589 个，最小为 143 个，平均每个视频轨迹数为 24 430 个。对应最大 / 最小轨迹数目的视频文件 7–3101.avi、7–0285.avi，时长分别为 7s、1s，分辨率分别为 1280×720、320×240，特征数目的差异可部分归因于时长以及分辨率的差异，更多的还是由视频本身的内容所决定的。

在图 3–4 中，展示了所有数据库子集的特征数目统计，很明显，在各个子集之间以及每个子集内部，特征数目差异很大，最大值与最小值的比值介于 371 ~ 81 331 之间，这也是该数据库的识别特别具有挑战性的原因之一。

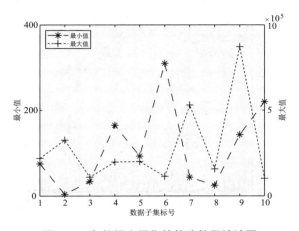

图 3-4 各数据库子集的轨迹数目统计图

在图 3-5 中，我们列出了两个测试子集（分别采用第 3 和第 9 个测试集）对应的视频对的特征比例对照图，每个视频对的两个视频 V_1、V_2，其特征数目分别为 N_1、N_2，假设 $N_1 > N_2$（若 $N_1 < N_2$，则互换即可），令 Ra=N_1 / N_2，表示两个视频 V_1、V_2 特征数目上的差距。对于前 300 对相似的视频对，第 3 测试集平均的特征数比率 Ra=6.63，而第 9 测试集为 5.69；对于后 300 对不相似的视频对，第 3、9 测试集的特征数比率分别为 13.49、7.19。

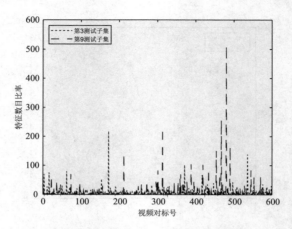

图 3-5 视频对的特征数目比例对照图

特征对间的特征数目差异，无疑会对"相似""不相似"的判断带来较大的影响，并且对"相似"视频对、"不相似"视频对的作用是不同的。具体而言，就是特征数目差距越大，一定程度上越倾向于判断视频对"不相似"，第 3 测试集的前 300 对"相似"样本的特征数目比率要高于第 9 测试集，因此第 3 测试集的识别率低于第 9 测试集的识别率；而对于"不相似"样本对，第 9 测试集的特征数目比率比第 3 测试集高很多，这无疑对于第 9 测试集的较高的识别率有一定的贡献。从以上分析来看，视频对间的特征数目间的偏差，会对正样本、负样本带来相反的影响，如何消除特征数目不均衡对识别的影响，对于提升算法的分类效能是有积极作用的，这有待于进一步的研究。

ASLAN 数据库的提出，对于更好地理解视频中的人体行为有着重要的意义，从"相似""不相似"中学习新知识也是人工智能的应有之义。对于视频中的人体行为，标签是有语义层次的，如：

体育活动和运动 → 有氧 → 有氧骑马

体育活动和运动 → 跳舞 → 芭蕾 → 芭蕾皮克旋转

与环境交互运动 → 打球 → 双手运球

与环境交互运动 → 电话 → 打电话

与情景相关 → 常见行为 → 打鸡蛋

与情景相关 → 常见行为 → 喝酒

人 – 人交互 → 握手

人 – 人交互 → 摔跤

从语义上，每一个大类，如体育活动和运动，都有其相似性，越往下一层级，相似度越高，如两个有氧运动，比之一个无氧运动、一个有氧运动相似度更高。但如何定义人体运动的层级，在语义的层面是有歧义的，如打球，也可以归在体育活动里，但打球与场地是相关的，归在与环境的交互运动上也可以，由此在语义的层面上也不好量化。

数据库定义的第一层标示为与场景相关的行为，第二层包含三个并行的标签：表情、一般行为、游戏。在语义层面上，从第一层到第二层再到具体的行为，样本的相似度应该是逐层递增的，但是，在具体的视频底层特征空间里，每一层内所属的各个具体行为差距很大，在层间的行为的差距，比如表情里的发怒，和一般行为中的起立，相似性也非常小。

由此可见，"语义鸿沟"的存在使得连通底层视觉特征相似和语义层面的相似是异常困难的，如有氧骑马、芭蕾都是体育运动，但在底层视频特征层面上相似性就较小，一是运动的环境不同，再一个就是肢体动作相差很大，计算机处理视频视觉特征的相似方面可以有很好的性能，但如何与高层的语义的相似联系起来，目前还没有很好的方法，这也进一步限制了对于运动相似性的研究。

综上所述，对行为相似性的研究还停留在视频的底层特征方面，目前的研究重点是寻求视频特征间的相似性结构上，在更高层次的相似性研究有待于更深入地弥补语义鸿沟的方法研究。虽然存在着诸多困难，但研究视频中人体行为的相似性还是有着重要的意义，这对于理解视频中的行为结构以及探测视频中的异常行为等有着实际的应用价值。

五、本章小结

本章针对 ASLAN 数据库行为相似度识别问题，提出了过完备稀疏编码的行为识别方法，首先通过高斯混合模型对训练集中抽样得到的特征子集进行训练，然后针对每一个混合模型分量，学习得到子码本，综合各分量的码本即得到超完备的码本集；对特征编码时，先对特征利用高斯混合模型进行分类，为了保留更多的特征信息，采用软分配的方法，保留概率最大的三个分量，并对三个概率分量归一化；对归属于混合模型的各个分量的特征，采用相对应的码本进行稀疏编码；最后采用支持向量机进行分类识别。

在 ASLAN 数据库上取得了 64.4% 的识别率，比基准方法提高了大约

4 个百分点，也优于基于费舍尔向量和 VLAD 的方法。通过高斯混合模型来学习特征空间的子流形结构，在每一个分量上，用相对较小规模的字典来编码特征，既降低了对于运算能力的要求，又提升了对于行为的描述能力，在 ASLAN 数据库上的实验验证了所提方法的有效性。

第四章　基于费舍尔向量和局域聚合描述符向量编码的行为识别方法

一、特征编码方法

在计算机视觉研究领域的相关识别任务中，如静态图像目标识别、场景理解以及视频中的行为识别等，单词包（BoW：bag of words）模型起了很大的推动作用[59]，与手工设计的底层特征相结合取得了较高的识别性能，成为检验各类新算法的基准。

特征的编码流程如图 4-1 所示，首先从视频中提取诸如时空兴趣点等特征，然后采用 PCA 进行降维预处理，采用诸如 K 均值、GMM 以及各类字典学习算法等方法学习得到码本，根据码本对各个特征进行编码，最后将每个视频的特征进行归一化、池化操作得到视频的直方图表示。最简单的也是采用最多的编码方法是向量量化编码，即将特征赋给与其距离最近的单词，这无疑降低了特征的表现能力。特征的编码方法在基于单词包的识别框架下，处于核心地位，很大程度上决定了识别性能的好坏，在第二章的研究也表明，编码方法对于主题模型的性能也有直接的影响。

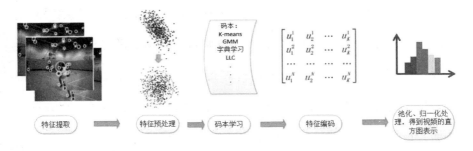

图 4-1　特征编码流程图

为了改进编码方法，许多改进的方法被提了出来。软分配方法[116]可以看作向量量化的扩展，与向量编码相比，根据每个特征与码本中的单词的距离不同，对每一个单词赋予一个系数，所有的系数和为 1，这在一定程度上弥补了向量量化的缺陷。在此基础上，文献 [117] 提出了局域软分配方法，将特征赋给与其最近的 k 个单词，其余的系数为零，在降低了计算量的同时，由于避免了软分配方法对于特征的过度模糊化，提升了特征的表现力，当 k 为 1 时，即退化为向量量化方法。

与 K 均值、高斯混合模型生成码本不同，基于重构的稀疏编码方法采用最小化重构误差的方法来构建字典，将特征表示为字典码字对应的稀疏向量[127]。

与稀疏编码着重于稀疏性不同，Yu 等[131]认为局域约束相比稀疏性更为重要，提出了局域坐标编码方法（LCC：local coordinate coding），通过最小化特征与码字间的欧氏距离，将特征表示为局域码字的线性组合，保证了特征邻近的码字共享相同的特征。由于需要迭代优化，局域坐标编码方法计算代价较高，为此，Wang 等[136]提出了局域线性编码方法（LLC：

locality–constrained linear encoding ），采用了新的约束函数强制编码限制在局域进行，并且目标函数可以得到一个解析解。为了进一步提升计算效率，提出了近似的 LLC 方法，先进行 K 最近邻搜索然后求解有约束的最小二乘拟合问题，降低了计算复杂度，对于大规模码本，每秒也可处理多帧数据，这使得 LLC 方法更适合于实际的实时应用场景。

作为单词包的替代选择，费舍尔向量（FV：fisher vector）[66, 67] 和局域聚合描述符向量编码（VLAD：vector of locally aggregated descriptors）[68] 在静态图像目标识别任务中取得了良好的识别率，应用到视频中的行为识别也取得了较好的性能 [137, 138]。这两类编码方法分别采用底层特征的一阶、二阶统计量对视频中的行为进行编码表示，其计算效率高，尤其是 VLAD 编码，只对特征相对于 K 均值聚类的单词的残差进行统计，由于在计算量没有增加多少的情况下其取得了比单词包高得多的性能，这吸引了许多研究者改进相关算法。Picard 等 [139] 在 VLAD 编码的基础上，提出了局域聚合张量的向量编码方法（VLAT：vector of locally aggregated tensors），增加了残差自张量积（self tensor product）求和分量，相当于在编码中增加了高阶的统计特征（一般为 2 阶自张量积），提升了编码的描述力。

Arandjelovic 等 [140] 为了解决视觉突发问题（Visual Burstiness），提出了内部归一化（Intra–normalization）处理编码，即对于每一个聚类中心对应的编码块残差之和单独进行 l_2 归一化，然后再对整体编码向量做 l_2 归一化。Delhumeau 等 [141] 认为局部特征对于 VLAD 编码的贡献是不等的，强迫残差向量归一化将降低编码的性能。

由于 VLAD 编码忽略了高阶统计量，这可能造成特征信息的损失，Peng 等[142] 从两个方面扩展了 VLAD 编码：采用了受监督的字典学习来替代 K 均值产生码本；将融合高阶统计量融合进编码，在主流数据库上的实验验证了方法的有效性。Wu 等[143] 分析比较了针对费舍尔向量和 VLAD 编码的几种改进方法的性能，如指数归一化、对原始特征取平方根、时空金字塔以及残差的归一化等。文献 [144] 中提出了堆叠的费舍尔向量编码，将视频样本通过密集采样分割为大量的时空体，在每一个时空体内采用费舍尔向量进行编码，对压缩后的时空体的费舍尔向量，再进行费舍尔向量编码，形成视频的语义信息的层次表示，联合传统的费舍尔向量编码在 HMDB51 等数据库上取得了较高的识别率。Duta 等[145] 提出了双重赋值的 VLAD 编码（Double Assignment VLAD），除了从特征端考察哪个码字与其距离最短进行赋值以外，还从码本端考察哪个特征与码字距离最短进行第二次赋值，所提方法与深度特征结合在 UCF101 数据集上取得了有竞争力的性能。

受上述文献启发，为了改进费舍尔向量和 VLAD 编码的性能，本章中做了两个方面的改进工作：一是采用两种软分配方法替代向量量化的硬编码方法，提升了 VLAD 编码的性能；二是将特征的高阶矩统计量融入费舍尔向量的编码中。在 KTH、UT-interaction、UCF sports 以及 UCF101 数据库上的实验验证了所提方法的有效性。

二、费舍尔向量和局域聚合描述符向量编码

本节将在视频行为识别的语境下简述费舍尔向量和 VLAD 编码[67, 68, 71, 146, 147]。设 $X = \left\{ x_n \in \mathbf{R}^{D \times 1}, n = 1, 2, \cdots, N \right\}$ 为某视频样本中提取的局部特征，其中 D 为特征描述符的维度，N 为特征数目，一般情况下各视频样本提取出的特征数目是各不相同的，经编码后形成一个定长的向量来表示视频中的行为。

（一）费舍尔向量编码

费舍尔核方法将特征建模为一概率生成过程，如 Gaussian 混合模型，采用对应的概率密度函数的梯度向量作为特征的表示，由于综合了判别式方法和生成式方法的优势，在计算机视觉的各类识别任务中得到了广泛的应用[71-74]。

假定特征服从概率分布 u_λ，λ 为该分布的参数，特征可描述为式（4-1）表示的梯度向量：

$$G_\lambda^X = \frac{1}{N} \nabla_\lambda \log u_\lambda(X) \qquad （4-1）$$

式（4-1）所示的对数似然函数梯度表示了分布参数对于特征生成过程的贡献，其维度与 X 的特征数目无关，只取决于分布参数 λ 的数目。对应的核函数为

$$K(X, Y) = G_\lambda^{X'} F_\lambda^{-1} G_\lambda^Y \qquad （4-2）$$

式中：

F_λ 为分布的费舍尔信息矩阵。

$$F_\lambda = E_{x \sim u_\lambda} \left[\nabla_\lambda \log u_\lambda(x) \nabla_\lambda \log u_\lambda(x)' \right] \qquad （4-3）$$

F_λ^{-1} 是对称正定矩阵，对其做 Cholesky 分解：

$$F_\lambda^{-1} = L_\lambda^{\mathrm{T}} L_\lambda \qquad （4-4）$$

令

$$G_\lambda^X = L_\lambda G_\lambda^X \qquad （4-5）$$

式（4-5）即为特征 X 的费舍尔向量。则核函数可视为费舍尔向量的内积：

$$K(X, Y) = (G_\lambda^X)^{\mathrm{T}} G_\lambda^Y \qquad （4-6）$$

与文献 [146] 相同，选择特征分布 u_λ 为高斯混合模型：

$$u_\lambda = \sum_{i=1}^{K} \omega_i\, u_i(x) \qquad （4-7）$$

概率分布的参数 $\lambda = \{\omega_i, \mu_i, \sigma_i, i = 1, 2, \cdots, K\}$，其中 $\omega_i, \mu_i, \sigma_i$ 分别为高斯混合模型的混合系数，$\sum_{i=1}^{K} \omega_i = 1$，均值向量以及协方差矩阵，且协方差矩阵为对角矩阵。

特征 x_n 属于第 i 个高斯分量的概率为：

$$\gamma_n(i) = \frac{\omega_i u_i(x_n)}{\sum_{j=1}^{K} \omega_j u_j(x_n)} \qquad （4-8）$$

设特征 x_n 是独立同分布的，则梯度向量为：

$$G_{\mu,i}^X = \frac{1}{N\sqrt{\omega_i}} \sum_{n=1}^{N} \gamma_n(i) \left(\frac{x_n - \mu_i}{\sigma_i} \right) \qquad （4-9）$$

$$G_{\sigma,i}^X = \frac{1}{N\sqrt{2\omega_i}} \sum_{n=1}^{N} \gamma_n(i) \left(\frac{(x_n - \mu_i)^2}{\sigma_i^2} - 1 \right) \qquad (4-10)$$

Perronnin 等 [67] 认为混合系数 ω_i 的梯度所包含的信息可以忽略，因此最终的梯度向量 G_λ^X 为 $G_{\mu,i}^X$、$G_{\sigma,i}^X$ 两者串接，$i=1, 2, \cdots, K$，向量的维度为 $2KD$。

费舍尔向量编码采用了 Gaussian 混合模型建模底层特征的分布，所产生的梯度向量的维度相对于单词包模型来讲扩展了 $2D$ 倍，这就避免了在分类识别阶段将编码表示向更高维的空间做映射，可直接采用线性分类器进行分类识别。

（二）局域聚合描述符向量编码

Jégou 等 [68] 提出了 VLAD 编码方法，首先采用与单词包相同的方法 K 均值聚类来产生码本 $D=[d_1, d_2, \cdots, d_k]$，对于每一个特征 x_n，将其赋给与其最近邻的码字 $NN(x_n)$。对于码本中的每一个码字 d_i，将所有赋值为 d_i 的特征的残差求和得到向量 v_i：

$$v_i = \sum_{x_n:NN(x_n)=i} \cdot x_n - d_i \qquad (4-11)$$

最终的 VLAD 编码为与码本中的码字对应的向量 v_i 串接起来组成，维度为 KD。

在文献 [68] 中，VLAD 需 l_2 归一化。随后 Jégou 等 [119, 147] 将文献 [66] 中用于费舍尔向量的带符号的平方根归一化应用到 VLAD 编码中。

（三）单词包、费舍尔向量和局域聚合描述符向量编码的关系

站在视频中的行为表示的角度而言，特征编码就是将视频中的诸多特征的统计特性提取出来，形成一个定长的向量，以作为下一步分类识别的输入。相对而言，单词包模型是最简单也是计算效率最高的方法，只计算特征在视频中出现的频次，可视为 0 阶统计量，没有考虑更高阶的统计特性，加之通常采用向量量化方法造成的信息损失，使得单词包模型的性能受到一定的影响，一般情况下其判别性要大幅低于费舍尔向量和 VLAD 编码方法。

文献 [71，147] 中指出，费舍尔向量编码是单词包模型的泛化，式（4–8）中 $\gamma_n(i)$ 为特征 x_n 属于第 i 个高斯分量的概率，则赋给第 i 个高斯分量的平均特征数为

$$w_i = \frac{1}{N}\sum_{n=1}^{N}\gamma_n(i) \qquad（4–12）$$

在同样规模的码本的条件下，由于费舍尔向量编码包含了对于特征分布参数的梯度信息，并且得到了比单词包模型更高维度的向量（2D 倍），因而性能更优越。在实践中，费舍尔向量需要的码本规模远小于单词包模型，这就使得费舍尔向量编码反而要快于单词包模型。

VLAD 编码可看作费舍尔向量编码的一个非概率分布的简化版本。只考虑对均值的梯度，假设所有的 Gaussian 混合分量的比例是相等的，即 $\omega=1/K$，则式（4–9）简化为

$$G_{\mu,i}^X \propto \sum_{n=1}^{N} \gamma_n(i)(x_n - \mu_i)$$ （4-13）

采用硬编码替代软分配方法，即将特征 x_n 赋给与其最近的码字 $NN(x_n)$，$\gamma_n(NN(xn))=1$，其余码字对应的 $\gamma_n=0$，则

$$G_{\mu,i}^X \propto \sum_{x_n:NN(x_n)=i}^{N} (x_n - \mu_i)$$ （4-14）

费舍尔向量编码即退化为 VLAD 编码。

三、基于软分配的局域聚合描述符向量编码

在 Jégou 等 [68] 提出的 VLAD 原始版本中，采用了硬编码的方法将特征赋给与其最近邻的码字。Chatfield 等 [148] 的研究表明，硬编码会不可避免地带来特征信息的损失进而影响分类识别的性能。在第二章中的实验也表明，采用软分配、局域软分配方法可以改进相关模型的分类性能。Bergamo 等 [149] 提出了结合核码本编码 [116] 的 VLAD 方法，采用高斯核函数作为每个码字对应分量的权重。Wang 等 [150] 采用了软分配池化策略来处理池化过程中的歧义性和不确定性。

在上述文献的基础上，本章提出了基于软分配的 VLAD 编码，采用软分配代替原始版本的硬编码，即将特征 x_n 以一定的概率 p_{ni} 赋给多个或者全部的码字，所有概率和为 1。对于码本中的每一个码字 d_i，将所有赋值为 d_i 的特征的残差求和得到向量 v_i 为

$$v_i = \sum_{x_n} p_{ni}(x_n - d_i) \qquad (4-15)$$

对于软分配的权重 p_{ni}，即特征 x_n 从属于码字 d_k 的概率，我们采用两种方法来确定，第一种方法是软分配编码[116]（SA：soft assignment），码本的产生与原始的 VLAD 编码相同，采用 K 均值聚类产生码本，根据每个特征与每一个聚类中心的距离得到一个表示其归属某一聚类的程度的因子 p_{ni}：

$$p_{ni} = \frac{\exp\left(-\beta \| x_n - d_i \|_2^2\right)}{\sum_{j=1}^{K} \exp\left(-\beta \| x_n - d_j \|_2^2\right)} \qquad (4-16)$$

第二种方法是采用 Gaussian 混合模型（GMM）来建模视频中特征的概率分布，首先采用 E-M 算法学习 K 个混合分量模型的参数 $\lambda = \{\omega_i, \mu_i, \sigma_i, i = 1, 2, \cdots, K\}$，如式（4-7）所示，特征的分布服从 u_λ。特征 x_n 属于第 i 个 Gaussian 分量的后验概率如式 4-8 所示，则

$$p_{ni} = \gamma_n(i) = \frac{\omega_i u_i(x_n)}{\sum_{j=1}^{K} \omega_j u_j(x_n)} \qquad (4-17)$$

第二章的研究表明，将特征对所有的码字都赋予不为零的归属因子，将模糊特征的判别力，因此，一般只赋予少数几个码字。在第一种方法中，将特征赋给距离其最近的几个码字，而在第二种方法中，则将特征赋给后验概率即式（4-17）中最大的几个分量，其余的分量为零。这相当于在向量量化和软分配间做折中处理，在降低计算量的同时，提升了特征的判别性。

四、联合高阶矩的费舍尔向量编码

VLAD 编码只包含了特征分布的一阶统计量，这限制了特征编码所包含的信息量。Zhou 等 [151] 在编码时保留了特征的零阶和一阶统计信息，相当于将单词包的直方图表示和 VLAD 编码联合起来。Peng 等 [142] 将对角线协方差以及偏度等高阶统计量融合到编码中，提升了 VLAD 编码的性能。

费舍尔向量编码相比于 VLAD 编码而言包含了更多的特征统计信息，在多数识别任务中取得了更好的识别性能。为了进一步提升费舍尔向量编码的性能，我们将偏度、峰度以及极差等统计量分别纳入特征编码中。

首先采用 4.2 节所述方法，对视频中的 N 个特征进行费舍尔向量编码，得到维度为 $2KD$ 的梯度向量 G_λ^X [$G_{\mu,i}^X$、$G_{\sigma,i}^X$ 两者串接起来组成，如式（4-9）、（4-10）] 所示，其中 K 为 Gaussian 分量的数目，D 为特征维度。

采用硬量化的方法将特征 x_n 归属于第 i 个 Gaussian 分量：

$$i = \arg\max_k \frac{\omega_k u_k(x_n)}{\sum_{j=1}^{K} \omega_j u_j(x_n)} \qquad （4-18）$$

视频中的特征总数为 N，归属于第 i 个 Gaussian 分量的特征数为 N_i，则 $N = \sum_i N_i$。对于第 i 个 Gaussian 分量所对应的 N_i 个特征，$i=1, 2, \cdots, K$，采用偏度、峰度以及极差来描述其高阶统计信息：

（1）偏度（skewness），是特征的三阶统计矩，度量了特征概率分布不对称性，其计算公式如式（4-19）所示：

$$S_i = \frac{\dfrac{1}{N_i}\sum_{n=1}^{N_i}(x_n - \mu_i)^3}{\left(\dfrac{1}{N_i}\sum_{n=1}^{N_i}(x_n - \mu_i)^2\right)^{3/2}} \qquad (4-19)$$

对于正态分布，偏度为 0，表示特征相对均匀地分布在均值两侧；如图 4-2 所示，偏度为负，即负偏离（左偏离），分布曲线左边的尾部更长，分布更多地集中在右侧；偏度为正，即正偏离（右偏态），则图形右边的尾部长于左边的尾部，分布更多地集中在图形的左侧。

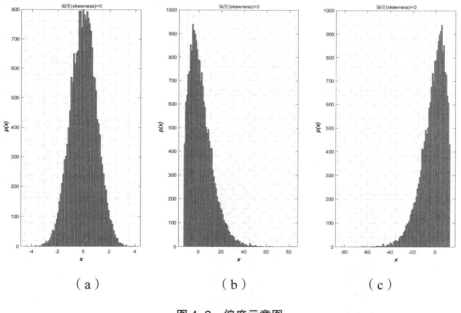

（a）　　　　　　　（b）　　　　　　　（c）

图 4-2　偏度示意图

注：（a）、（b）、（c）所示分布的偏度分别为 0、正值、负值。

将各个高斯分量对应的偏度串接起来，组成维度为 KD 的向量 $\boldsymbol{S}=[S_1;$ $S_2; S_k]$，与费舍尔向量 G_λ^X 串接起来组成 $3KD$ 的最终向量作为视频的表示。

（2）峰度（kurtosis），是特征的四阶统计矩，衡量了特征概率分布的厚尾性（tailedness），计算公式如式（4-20）所示：

$$K_i = \frac{\dfrac{1}{N_i}\displaystyle\sum_{n=1}^{N_i}(x_n - \mu_i)^4}{\left(\dfrac{1}{N_i}\displaystyle\sum_{n=1}^{N_i}(x_n - \mu_i)^2\right)^2} \qquad (4\text{-}20)$$

如图 4-3 所示，对于正态分布，峰度值为 3。若峰度小于 3，则分布平缓，有着更重的尾部，称为低峰态（platykurtic）；若峰度大于 3，则分布陡峭，称为尖峰态（leptokurtic），分布的尾部较轻。峰度高则极端值多，方差大。

将各个分量的峰度 K_i 串接组成向量 $K=[K_1, K_2, K_K]$，再连接费舍尔向量组成维度为 $3KD$ 的向量表示视频中的行为。

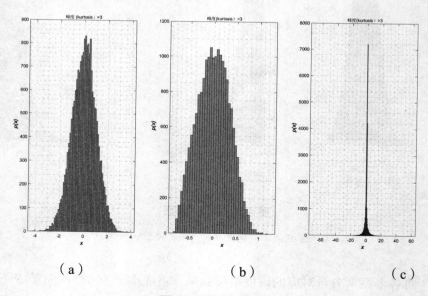

（a）　　　　　　　（b）　　　　　　　（c）

图 4-3　峰度示意图

注：（a）、（b）、（c）所示分布的峰度分别为 3、小于 3、大于 3。

（3）极差（range），又称为全距，是表征数据的离散程度的简单测度，其计算公式为

$$R_i = \max([x_1 \ x_2 \cdots x_{N_i}]) - \min([x_1 \ x_2 \cdots x_{N_i}]) \qquad （4-21）$$

极差体现了特征向量的波动范围，极差越大，特征的离散程度越大，反之，则特征的离散程度就越小。从式（4-21）可以看出，极差给出了特征的离散范围，没有统计全部特征的信息，易受极端值的影响。但极差的含义明确，计算简洁，在数理统计相关任务中应用较广。

各个 Gaussian 分量对应的 R_i 串接为 $\boldsymbol{R} = [R_1, R_1, \cdots, R_k]$，与费舍尔向量 $\boldsymbol{G}_\lambda^X$ 合并，作为视频中特征的综合表示向量。

偏度和峰度从不同的角度度量了特征分布的形状特性，因此在后续的实验中，我们还将偏度、峰度结合起来，组成 $4KD$ 的表示向量。

五、实验结果与分析

（一）实验设置

实验在四个不同性质的数据库上进行，分别是：KTH 数据库、UT-interaction 数据库、UCF sports 数据库以及 UCF101 数据库，其中 UCF101 数据库只在联合高阶矩的费舍尔向量方法中采用。KTH 数据库和 UT-interaction 数据库分别分为 25 组、10 组，采用留一组法进行实

验。UCF sports 数据库我们采用从 University of Central Florida 的网站上下载的版本，数据库包含 10 个运动类别的 150 段视频片段，分辨率为 720×480，视频样本分布不均衡，每类的样本数量从 6 到 22 不等，视频片段的长度差异较大，最小为 2.2s，最大为 14.4s，并且视频背景嘈杂，类内差异大，这使得在此数据库上进行行为分类是个很困难的任务。根据文献 [152，153] 的建议，在 UCF sports 数据库上的实验采用留一法（LOO：leave-one-out）进行，即实验进行 150 次，每次实验取一视频作为测试用，其余视频作为训练集，将 150 轮实验的结果取平均作为最后的识别率。

UCF101 数据库是在 UCF sports 数据库的基础上经多次扩展而成，行为种类多达 101 类，总共 13 320 段视频，是视频行为识别领域规模最大也是最具挑战性的数据库之一。在每一个行为类别中，根据视频来源划分为 25 组，每一组的视频都来自一个长视频，按照文献 [99] 推荐的设置，训练集和测试集中的视频片段不属于同一个组，其中 18 组用作训练集，7 组作为测试集，确保训练集和测试集来源不同，以尽可能少地共享视频背景等信息。

实验中，采用了时空兴趣点 [20] 特征。UCF101 数据库的特征采用了其官方网站发布的特征数据包。其余数据库在提取特征时采用了文献 [20] 的代码，视频解析度被调整为 400×300，缺省参数 $k=0.000\ 5$，$\sigma^2=4$，8，16，32，64，128，$\tau^2=2$，4，然后计算每一个点的 4-bin 梯度直方图、5-bin 光流直方图描述符，串联起来组成 162 维的梯度和光流直方图描述符。

在得到视频的编码表示以后，采用线性 SVM 进行分类识别。实验环境为 Intel Xeon®E3 3.2GHz，内存 8B，Matlab2015b。

（二）主成分分析影响

前几章的研究以及文献 [68，119] 的结果表明，主成分分析预处理原始特征在降低特征维度的同时，也在一定程度上抑制了背景噪声的影响，进而提升了识别性能。我们首先分析主成分分析对于编码性能的影响，PCA 预处理特征我们采用了两个版本：带白化的 PCA 以及无白化的 PCA。

如图 4-4、4-5 所示，在 KTH、UT 两个数据库中费舍尔向量方法在绝大多数情况下均取得了比 VLAD 高的性能。在 KTH 数据库中，采用原始特征的情况下，两种编码方法随着聚类数目的增大分类精度均有上升的趋势，但 FV 在聚类达到 32 时性能达到最高，稍后略有下降，VLAD 在聚类数达到 64 以后变化趋缓。费舍尔向量方法优于 VLAD，最多高 5 个百分点。采用 PCA 预处理后，对于 VLAD 而言，当 PCA 维度较低时，性能下降很大，当 PCA 维度超过 32 后，性能逐渐超过了未预处理时的性能，最大高 1 个百分点；采用 FV 向量编码时，当 PCA 维度较低时，性能有所下降，随着 PCA 维度的增加，性能变化趋缓并逐渐增加到最大值，最终性能高于未预处理时 1 个百分点。两个版本的 PCA 得到的性能相差不大，无白化的 PCA 略高一些。

在 UT 数据库中，采用原始特征时，VLAD 和 FV 的性能差异在数据集 2 上最大可达 19 个百分点，相对而言，数据集 1 上的差距小很多，并且当聚类数为 256 时，VLAD 还超过了 FV。当采用 PCA 预处理后，在两个数据集上两种方法在维度为 80 时均达到了最大，之后 FV 的性能剧烈下降，VLAD 则较为平缓。对于 VLAD 编码，结合非白化的 PCA 性能更高，而对于 FV 而言，两种 PCA 方法相差不大。采用 PCA 预处理数据后，当 PCA 维度在 80 左右时，FV 和 VLAD 均取得了比未做预处理时更高的性能，这与前几章的实验结果以及文献 [68，119] 的研究是一致的，但值得指出的是，通常 PCA 后进行的去相关白化操作，在我们的实验中，多数情况下起了反效果。

总体而言，PCA 预处理数据可以提升识别性能，但须权衡信息的损失及噪声降低所带来的改善，即根据数据库的情况选择合适的 PCA 维度。

（三）基于软分配的局域聚合描述符向量编码的实验结果

在实验中为了便于比较，统一采用 64 维的非白化 PCA 方法预处理特征，在比较不同邻域的性能时，采用码本规模为 64。

如图 4-6、4-7、4-8 所示，实验在 KTH、UT 以及 UCF sports 数据库上进行。从图中可以看出，除了在 KTH 数据库上以外，SA 取得了比 GMM 更好的性能，并且随着邻域数目的增长，性能有先增长后下降的趋势，这说明一般情况下，将一个特征赋给全部码字是不必要的，在 KTH 数据库上，当邻域为最大值 64 时，SA 的性能大幅下降，一般取邻域数目为 3 即可。在固定邻域数目为 3 的情况下，随着聚类数目也即码本规模增加到 16 以后，分类性能大都平稳增加。

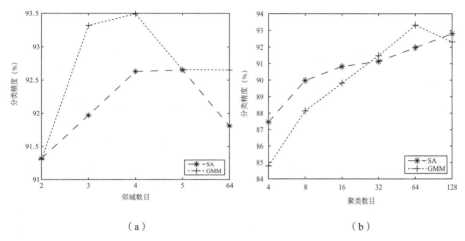

（a）　　　　　　　　　　　　（b）

图 4-6　基于软分配的 VLAD 在 KTH 数据库上的结果

注：(a) 图中聚类数目为 64, PCA 维度为 64, (b) 图中 PCA 维度为 64，邻域数目为 3。

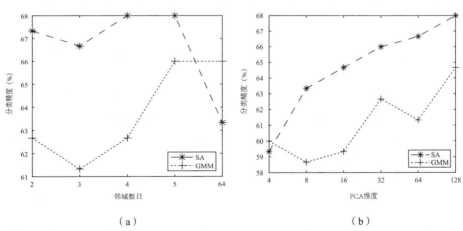

（a）　　　　　　　　　　　　（b）

图 4-7　基于软分配的 VLAD 在 UCF sports 数据库上的结果

注：（a）图中聚类数目为 64，PCA 维度为 64，（b）图中 PCA 维度为 64，邻域数目为 3。

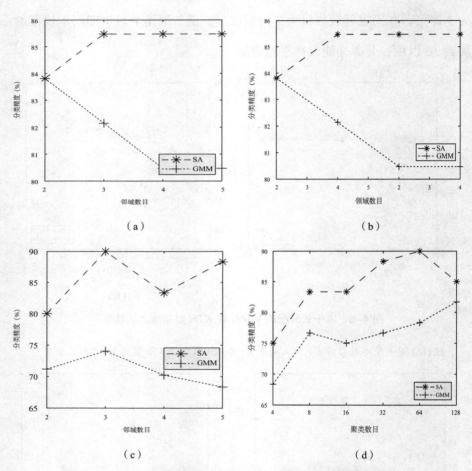

图 4-8 基于软分配的 VLAD 在 UT 数据库数据集的结果

注：第一、二列分别为数据集 1、2 上的结果，（a）、（c）中聚类数目为 64，PCA 维度为 64，（b）、（d）中 PCA 维度为 64，邻域数目为 3。

对于 KTH 数据库，当邻域为 4 时，达到最高的分类精度 93.49%，比硬量化的 VLAD 取得的精度 88.97% 提升了 4 个多百分点。需要着重指出的是与其他数据库不同，GMM 的性能超过了 SA 方法，而采用 SA 方法，分类正确率也提升到了 92.65%。

在 UT 数据库数据集 1 上，当邻域超过 2 以后 GMM 的性能大幅下降，而在数据集 2 上当邻域超过 3 后也相应下降，而 SA 的性能变化较为平缓。在数据集 1 上分类识别率最高为 88.81%，与硬量化 VLAD 的识别率相等。而在数据集 2 上，当邻域数目为 3 时，识别率最高为 90%，大幅高于硬量化 VLAD 取得的精度 76.67%。GMM 的性能最大提升为 81.67%。

在 UCF sports 数据库上，当采用硬量化的 VLAD 时识别率为 66%，而采用 SA 方法当邻域数目为 4 得到的识别率提升为 68%。

总体而言，基于软分配的 VLAD 方法，采用将特征赋给多个聚类中心，减小向量量化方法硬量化带来的信息损失，提升了特征的表现力。其中 SA 方法普遍比 GMM 方法得到的性能要高，这与这两类方法对特征聚类的方式不同有关。SA 方法采用的聚类方法为 K 均值，在不同的数据库中，K 均值和 Gaussian 混合模型的参数在训练集学习的精度不同，影响了对于特征的描述。

（四）联合高阶矩的费舍尔向量方法的实验结果

在本节的实验中，在 UCF101 数据库上，Gaussian 混合模型的分量数目为 128，PCA 维度为 128，其余数据库统一采用 Gaussian 混合模型，分量数目为 64，PCA 维度为 64，且采用的是非白化的 PCA。

对于最终得到的编码向量，考虑以下三种归一化方法：

（1）l_2 归一化（ l_2-norm ）；

（2）带符号的平方根归一化（ SR norm ）；

（3）带符号的平方根归一化加 l_2 归一化（ SR+l_2-norm ）。

从表 4-1 ～ 4-5 中可以看出，在所有的数据库中，结合峰度的费舍尔向量编码方法取得了最好的性能。不同的归一化方法的选择对于分类性能有着显著影响，在 UCF101 数据库上，SR+l_2 归一化取得的性能最高，其次为 SR 归一化。而其余数据库上，则带符号的平方根归一化均优于其他几类归一化方法，尤其是在 UT、UCF sports 中比其他方法大幅提升，值得着重指出的是在这几个数据库上 SR+l_2 归一化方法取得的性能在多数情况下是最低的，这与 UCF101 数据库上的结果完全相反，而 SR 归一化则表现相当稳定。

表 4-1　联合高阶矩的费舍尔向量方法在 KTH 数据库上的结果

单位：%

	range	skewness	kurtosis	sk_ku
None	91.33	90.81	91.48	92.83
l_2-norm	85.3	82.8	84.46	88.3
SR	91.82	92.14	93.49	92.99
SR+l_2	86.14	83.13	84.95	88.3

表 4-2　联合高阶矩的费舍尔向量方法在 UT 数据集 1 上的结果

单位：%

	range	skewness	kurtosis	sk_ku
None	75.05	53.05	82.29	63.62
l_2-norm	55.29	49.95	56.76	54.95
SR	85.48	78.81	90.48	80.48
SR+l_2	55.29	49.95	58.43	54.95

表 4-3　联合高阶矩的费舍尔向量方法在 UT 数据集 2 上的结果

单位：%

	range	skewness	kurtosis	sk_ku
None	76.67	45.0	63.33	55.0
l_2-norm	58.33	35.0	58.33	46.67
SR	85.0	73.33	85.0	76.67
SR+l_2	60.0	35.0	58.33	46.67

表 4-4　联合高阶矩的费舍尔向量方法在 UCF sports 数据库上的结果

单位：%

	range	skewness	kurtosis	sk_ku
None	64.0	57.33	64.67	60.67
l_2-norm	59.33	50.0	62.67	54.67
SR	68.0	65.33	68.67	66.67
SR+l_2	58.0	48.67	62.0	56.0

表 4–5　联合高阶矩的费舍尔向量方法在 UCF 101 数据库上的结果

单位：%

	skewness	kurtosis	range
None	53.33	54.10	55.61
l_2 –norm	60.18	61.11	61.16
SR	63.25	63.30	63.04
SR+l_2	64.28	66.71	65.02

表 4–6　联合高阶矩（Kurtosis）的费舍尔向量方法与其他方法的比较

单位：%

	VLAD	PCA+VLAD	FV	PCA+FV	kurtosis	其他文献
KTH	88.47	89.48	91.97	92.98	93.49	89.63[114]
UT #1	90.47	88.81	87.14	93.57	90.48	94.5[120]
UT #2	73.33	76.67	80.0	83.33	85.0	91.7[120]
UCF sports	66.0	—	64.0	—	68.67	69.2[152]

在 KTH 数据库上，不采用归一化时的性能稍弱于带符号的平方根归一化，文献 [119] 建议的带符号的平方根归一化加 l_2 归一化以及 l_2 归一化方法均低于带符号的平方根归一化方法，最多可达 10 个百分点。

在 UT 数据集 1 上的识别率最高为 90.48%，在数据集 2 上的结果最高为 85.0%，均远高于不采用归一化的方法。而 UCF sports 数据库上最好的识别率为 68.67%，各类归一化方法间的差异相对较小。

如图 4-9 所示，在 UCF101 数据库上比较了不同的聚类数目对于分类精度的影响，对于三类高阶矩对应的曲线，都有一个逐渐上升然后下降的趋势，其中采用峰度且在聚类数为 128 时获得了最高性能 66.71%，而偏度和极差则在聚类数为 64 时性能最好。将聚类数设置为 128，PCA 维度为 128 时，比较了不同的归一化方法对于分类性能的影响，如表 4-6 所示，不采用任何归一化时性能最差，其次为 l_2 归一化，SR+l_2 归一化最优，次优为 SR 归一化，这与其余数据库上的结果截然不同。

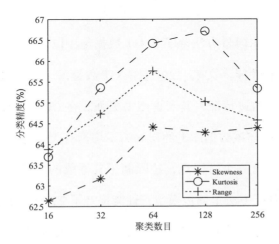

图 4-9　在 UCF101 数据库上的实验结果

注：横轴为 Gaussian 混合模型的聚类数目，纵轴为分类精度。

需要注意的是，在除 UCF101 以外的数据库上，将峰度和偏度相结合得到的识别率反而低于只采用峰度的情况，但均高于偏度，尤其是在 UT 数据库中，识别率的差别可达 10 个百分点。这说明峰度对于特征分布的描述力强于其他高阶矩，除了在 KTH 数据库上偏度优于极差以外，其余数据库上极差均取得了次优的性能。

表 4–7   UCF101 数据库上本章方法与其他方法的性能比较

单位：%

BoW	FV	VLAD	文献 [44]	本章方法
43.9	60.31	56.01	65.4	66.71

　　在表 4-5、4-7 中，总结了本章所提方法与其他方法的性能比较，联合高阶矩的费舍尔向量方法除了在 UT 数据集 1 以外，均取得了优于 FV、VLAD 等方法的性能。文献 [120] 中在 UT 数据库上的性能高于本章的方法，但其采用了轨迹特征，其表现能力更强。在 UCF sports 上的性能略弱于文献 [152]，这与该数据库上的视频的不均衡有关，有些样本的特征点过于稀疏，甚至只有一个特征点，这限制了其性能的提升。在 UCF101 数据库中，相比于基准方法单词包模型，性能提升了 23 个百分点，与费舍尔向量和 VLAD 相比也有大幅提升。值得指出的是，相比采用文献 [44] 采用的深度学习方法性能提升了 1 个多百分点。

（五）结果分析与讨论

　　无论是静态图像的目标识别还是视频的分类任务，PCA 预处理原始特征都成为一个标准的操作，在降低特征维度减少计算消耗的同时，特征中包含的噪声成分也被抑制掉一部分，进而提升识别性能。如文献 [119] 所建议的，在 PCA 处理特征后通常都要进行白化操作，以减少特征的相关性，降低特征间的冗余成分。但是，上述实验表明，对特征进行白化操作，反而会有很大可能降低识别性能，这与文献 [119] 的结果相反，这说明去相关的操作降低了特征编码的表现力，相比较于静态图片，视频中的特征相关性更强，因而也包含了许多有用信息，如特征间的时空关系对于识别非常重要，因而非白化的 PCA 处理方法效果更好。

从理论上来讲，采用概率生产模型来描述特征的分布无疑要优于非概率的聚类如 K 均值聚类，在实践中，这有赖于训练过程中对于模型参数的准确学习。在本章所有的实验中，均采用了稀疏的时空兴趣点特征，特征数目稀少，在 UT、UCF sports 数据库中视频样本数目也较少，这就影响到 Gaussian 混合模型的参数精度，使得在基于软分配的 VLAD 编码中 GMM 方法性能不好。而 KTH 数据库视频样本数为 600，大幅高于前述两个数据库，因而 Gaussian 模型的参数精度可以更好地描述特征的分布，因而分类正确率高于 SA 方法。

根据 Jégou 等 [119] 的建议，编码后采用带符号的平方根归一化加 l_2 归一化进行处理，可以提升 FV 编码的性能，在 UCF101 数据库上的实验得到的结果与此相符，但在其余几个数据库的实验中，采用带符号的平方根归一化即可达到最高的性能，再加上 l_2 归一化反而大幅降低识别性能，这与数据库的规模以及复杂程度有关，UCF101 数据库是目前最大的视频数据库之一，而其余几个数据库相对来讲样本数太少。在几类不同的高阶统计矩中，结合峰度的 FV 编码方法性能最好，这说明峰度比其他统计量能更好地描述特征的分布特点，值得注意的是，偏度和峰度的结合反而降低了性能，但比联合偏度的方法性能稍好，这说明虽然峰度、偏度均可描述特征分布的形状，但是两者有相互抵消的成分。在多数情况下，极差取得了次高的性能，虽然计算简单，意义明确，只包含了视频特征分布的范围信息，但却取得了较高的识别率。

六、本章小结

费舍尔向量和 VLAD 编码方法在目标识别等领域取得了优越的性能，在探讨了主成分分析预处理特征对编码性能的影响的基础上，本章提出了两种改进方法：①为了避免硬编码方法所引起的性能损失，采用两种软分配方法替代向量量化方法，并提出了软分配版本的局域聚合描述符向量方法，提升了 VLAD 编码的性能；②由于特征分布的高阶矩统计量提供了有关特征的更多信息，本章中将特征的高阶矩统计量融入费舍尔向量的编码中，还提出了联合高阶矩的费舍尔向量编码方法，在 KTH、UT、UCF sports 以及 UCF101 数据库上的实验验证了所提方法的有效性。

第五章　基于时空信息的超向量编码
行为识别方法

第四章重点讨论了两类超向量方法费舍尔向量和局域聚合描述符向量编码（VLAD）在行为识别中的应用以及改进方法，将高阶的统计量纳入特征编码中，提升了分类识别的性能。无论是费舍尔向量还是 VLAD，和传统的单词包模型一样都没有考虑特征的时空信息，这无疑会影响性能的提升。为此，在第四章研究的基础上，本章提出了基于时空信息的超向量编码行为识别方法，将时空信息融入特征编码中，以提升特征的表现力。

一、引言

在视频序列的行为识别任务中，特征间的时空关系是非常重要的，如"起立"和"坐下"两个视频片段中的动作，探测到的特征相似性较大，但特征间的时空位置是不同的。对于更复杂的持续时间较长的行为，特征间的时空关系包含了丰富的信息，如对这部分时空信息不加利用，无疑会导致识别能力的下降。相对于静态图像识别的训练过程动辄采用几十上百万个样本[40]，视频序列的行为识别受限于数据量太大，相对来讲视频样本规模有限，如现在应用较多的大规模数据库 UCF101 数据库[99]，样本总数为 13 320 段视频，这就使得视频的识别无法像图像识别一样利用大数据样本来弥补忽略特征间信息造成的信息损失，因此特征间的时空信息对于提升视频中的分类识别率意义重大。

单词包模型是计算机视觉领域应用最广泛的模型之一，在多个识别任务中结合底层特征的行为模型均取得了优越的性能[61, 154, 155]，但其将视觉单词视为无序的组合所带来的缺陷也是很明显的。文献 [61] 提出了数据驱动的方法去发掘行为序列中隐含的时间和因果关系，采用随机抽样正则表达式来编码行为中的模式。Wexin 等[156] 将视频切分为若干片段，采用二值动态系统（BDS：Binary dynamic system）来建模视频片段的动态属性。Shao 等[155] 提出了时空 Laplacian 金字塔编码方法，定位了不同尺度下的特征从而有效地编码行为的运动信息。Nazir 等[157] 在空间和时间维度上建立了视觉单词间的时空邻域关系，通过包含局部时空信息的独立邻域对来描述与行为类别相关的特征邻域信息，提升了特征的表示能力。

Niebles 等[64] 指出人体行为是由许多简单动作在时间上复杂的组合，对这类复杂行为的分类识别可受益于对时间结构的理解，通过发掘人体行为的时间结构，训练了一个判别模型，编码视频序列的时间分解，将行为表示为运动片段的时间组合。在此基础上，Tang 等[65] 分析了复杂事件的时间结构的理解问题，在视频帧中引入了隐参量，采用隐马尔可夫条件随机场模型自动发现视频中判别性的和感兴趣的分割片段，并建模了状态间的转换和状态的持续时间，这使得算法可以发现和分配对于事件最有判别性的序列，算法采用动态规划方法进行快速和准确的推断。

上述文献分析表明，将特征间的时空信息纳入对视频中的行为表示中改善了对于行为的理解，并提升了识别性能。在目标识别等计算机视觉任务中表现优异的超向量编码方法如费舍尔向量、局域聚合描述符向量方法，着重于描述特征分布的统计特性，也没有考虑特征间的时间和空间关联。在第四章以及文献 [119，139-142，158] 中的研究，从归一化方法选择以及对统计量的编码方面对费舍尔向量、局域聚合描述符向量做了改进。与上述文献不同，Peng 等 [144] 提出了多层嵌套的堆叠 Fisher 向量方法（stacked fisher vectors），在第一层经密集采样得到大量的子卷（subvolumes），抽取轨迹特征，并用 Fisher 向量方法编码；在第二层，压缩前一层得到的子卷编码向量，然后再用费舍尔向量进行编码，这种嵌套的表示方法在无须挖掘判别性的行为中层表示的情况下，保留了更多的特征时空关联信息。Duta 等 [159] 提出了时空局域聚合描述符向量（ST-VLAD：spatio-temporal VLAD），对 VLAD 做了时空拓展，根据特征的位置将视频切分为若干切片，对每个切片的特征组根据其特征相似性做池化操作，这提供的额外的特征间的信息提升了识别性能，与空间金字塔方法相比，所需编码长度缩小了将近一个数量级，计算效率较高。Zuo 等 [160] 考虑了视频特征对应的时空显著性得分，提出了基于显著性的时空 VLAD（SST-VLAD：saliency-informed spatio-temporal VLAD），降低了计算量。

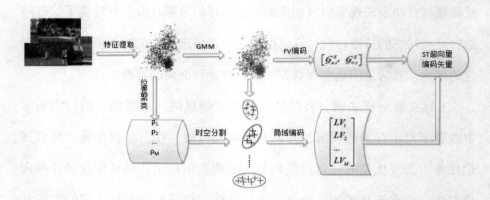

图 5-1　基于时空信息的超向量编码流程图

在第四章以及文献 [72，147] 的研究表明，费舍尔向量方法由于包含了更多的特征分布信息，在多数识别任务中，性能要优于 VLAD 方法。受文献 [144，159] 启发，为了利用特征间的时空关联信息，提出了基于时空信息的超向量编码行为识别方法，在全局描述特征点分布的基础上，根据特征点的位置信息将特征聚类分组，在每一个分组上提取局域的统计信息，这样超向量编码就联合了全局和局域的特征统计信息，可更好的描述视频特征分布的统计特性。

二、基于时空信息的超向量编码方法

为了利用特征间的时空信息，本章提出了基于时空信息的超向量编码方法（ST-SV），方法框图如图 5-1 所示，首先提取时空兴趣点特征，对于每个特征点，采用光流梯度向量（HNF）以及其在视频中的位置来共同描述；接下来，编码分为两个部分，先考虑全局编码，即不考虑位置信息，采用费舍尔向量对所有特征进行编码，得到全局的编码向量 GV；然后考虑局域编码，根据特征点的位置坐标进行聚类，将特征切分为 M 个局部区域，对于每一个局域，采用多种方法统计特征的分布，如在每个局域也采用 FV 编码，或者采用高阶矩统计量来描述，将所有的局域得到的向量串接起来即得到局域编码向量 LV；将全局编码向量和局域编码向量串接起来就组成超向量编码的最终表示 SV=[GV，LV]。

视频特征的提取采用 Laptev 等[16] 提出的时空兴趣点特征，利用时空拓展的 Harris 探测器探测兴趣点，取缺省参数 k=0.000 5，σ^2=4，8，16，32，64，128，τ^2=2，4 计算每一个点的 4-bin 梯度直方图、5-bin 光流直方图描述符，串联起来组成 162 维的梯度光流直方图（HNF）描述符。对于每一个特征点的位置坐标（x_n, x_n, t_n），采用文献 [159] 的方法做归一化处理：

$$p_n = (\overline{x}_n, \overline{y}_n, \overline{t}_n), \overline{x}_n = \frac{x_n}{w}, \overline{y}_n = \frac{y_n}{h}, \overline{t}_n = \frac{t_n}{nf} \qquad （5-1）$$

式中：w, h, nf 分别为视频的宽、高以及总的帧数，归一化后所有的视频特征位置 p_i 均在 [0，1] 间取值。

在训练集上学习 K 个分量的 Gaussian 混合分布模型，采用 4.2 节所述方法对视频中的 N 个特征进行费舍尔向量编码，得到维度为 $2KD$ 的梯度向量 $\boldsymbol{G}_\lambda^X$（$\boldsymbol{G}_{\mu,i}^X \boldsymbol{G}_{\sigma,i}^X$ 两者串接起来组成），如式（4-9）、（4-10）所示，作为超向量编码的全局部分 GV，其中 D 为特征维度。

对于局域部分的编码，首先在训练集中采用 K 均值方法对特征点归一化后的位置坐标进行聚类，形成位置码本 $P = [P_1, P_2, \cdots, P_M]$。对于视频中的特征，根据位置码本 P 采用硬编码方法对特征进行分类，特征即被分为 M 个组，这相当于将视频进行了切分。在后续的实现中，采用了三种聚类：时间聚类、空间聚类以及时空聚类，其中时间聚类即不考虑空间位置，只对特征的相对帧索引 $\bar{t}$ 进行聚类，而空间聚类就只考虑对空域坐标 $(\bar{x}_n, \bar{y}_n)$ 聚类，时空聚类则对 $p_n = (\bar{x}_n, \bar{y}_n, \bar{t}_n)$ 进行聚类。通过对照三类聚类方法，可以比较时间和空间关系对于分类识别率的重要性。

设某视频样本特征总数为 N，每一个局域的特征为 N_i，则：

$$N = \sum_{i=1}^{M} N_i \qquad\qquad （5-2）$$

对于第 i 个局域的 N_i 个特征，采用如下方法来表示：

（1）费舍尔向量编码。采用全局编码中的 GMM 模型，在每一个局域再做费舍尔向量编码，得到 $2KD$ 的编码向量，将所有局域的向量串接起来组成局域编码向量 LV；则总的超向量编码的维度为 $2KD \times （M+1）$。这种表示方法与文献 [144] 的思路类似，所不同的是其采用了层次结构，对底层特征得到的费舍尔编码向量经压缩后再做费舍尔向量编码，这使得其对于视频的采样切分必须足够多，从而计算代价也相对较高。

（2）高阶统计量。第四章的研究表明高阶的统计量包含了丰富的特征分布信息，对于分布在每个局域的特征，在时空上处于相对紧致的区域，特征间应有某种相似性，采用高级统计特征来描述特征的分布，可刻画特征在局域的分布特性。采用的高阶统计量与第四章相同，包括偏度（skewness）、峰度（kurtosis）、极差（range）以及偏差和峰度的结合（sk_ku），具体定义见式（4-19）、（4-20）、（4-21）。采用偏度、峰度以及极差，局域编码向量维度为 MD，采用任意两类高阶矩的结合则为 $2MD$。

（3）对残差（residual）求和。对于特征 x_n，采用如式 4-18 的硬编码方法将特征赋给第 j 个 Gaussian 分量，第 i 个局域对应的编码分量为：

$$LV_i = \sum_{n=1}^{N_i} r_n \qquad (5-3)$$

其中，x_n 对应的残差为：$r_n = x_n - \mu_j$。局域编码向量为 LV=[LV_1, LV_2, …, LV_M]，维度为 MD。

该方法与 VLAD 的不同在于，残差求和是在时空局域内进行，而 VLAD 则是对每一个特征聚类中心关联的特征进行。

三、实验结果与分析

实验在三个主流数据库上进行，分别是：KTH 数据库、UCF sports 数据库以及 UCF101 数据库。数据库的实验设置与第四章相同，KTH 数据库分别分为 10 组，采用留一组法进行实验，在 UCF sports 数据库上的实验采用留一法（LOO：leave-one-out）进行。KTH、UCF sports 数据库在提取特征时采用了文献 [20] 的代码，特征描述符均采取梯度和光流直方图（HNF：histogram of gradient and optic flow），视频解析度被调整为 400×300，缺省参数 k=0.000 5，σ^2=4，8，16，32，64，128，τ^2=2，4，然后计算每一个点的 4–bin 梯度直方图（HoG：histogram of gradient）、5–bin 光流直方图（HoF：histogram of optic flow）描述符，串联起来组成 162 维的梯度光流直方图。UCF101 数据库仍然按照文献 [99] 推荐的设置，训练集和测试集中的视频片段不属于同一个组，其中 18 组用作训练集，7 组作为测试集，确保训练集和测试集来源不同，以尽可能少地共享视频背景等信息。UCF101 数据库上的实验采用两类特征：时空兴趣点特征和轨迹特征，其中时空兴趣点特征下载自其官方网站，特征描述符为 HNF；轨迹特征采用文献 [115] 的方法提取轨迹特征，在第三章的研究表明，四类轨迹描述符 96 维梯度直方图（HoG）、108 维光流直方图（HoF），192 维运动边缘直方图（MBH）以及 30 维轨迹形状描述符中 MBH 的描述能力最好，因此实验中采用了运动边缘直方图来描述轨迹特征。

根据第四章的实验结果，在对抽取到的特征做预处理时，采用主成分分析方法做降维处理，不做白化去相关操作。由于时空特征点稀疏，在对视频中的特征进行时空聚类分组时，统一聚类数目 M 为 2 ～ 8/10，聚类数目过多，则每个局域内的特征点过于稀疏，进而影响分类识别率。

在得到视频的超向量编码表示以后，采用线性 SVM 进行分类识别。实验环境为 Intel Xeon®E3 3.2GHz，内存 8GB，Matlab2015b。

（一）KTH 数据库上的实验结果

在实验中选择 PCA 维度为 64，Gaussian 混合模型分量数目亦为 64，实验结果如图 5-2 所示。总体来看，无论选择何种时空聚类方法以及采用何种统计量来描述局域特征分布，所提方法均取得了较高的识别率，这说明将特征间的时空关联纳入到视频的编码表示中显著提升了分类识别率。

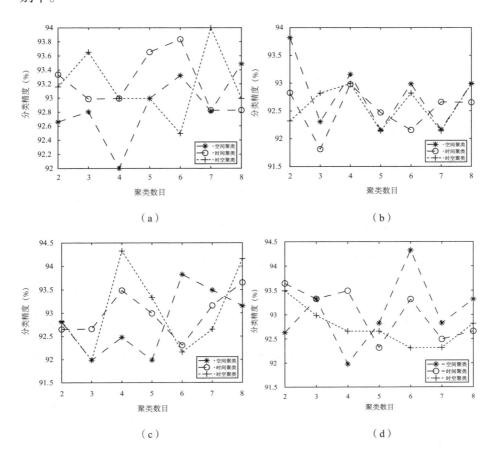

（a）　　　　　　　　　　　　（b）

（c）　　　　　　　　　　　　（d）

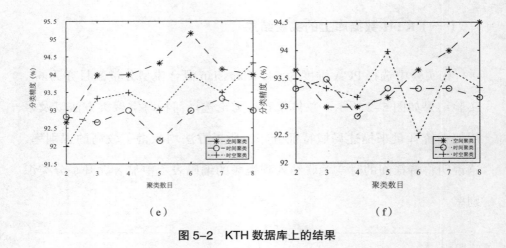

（e） （f）

图 5-2 KTH 数据库上的结果

注：(a)~(f)分别采用了极差、偏度、峰度、偏度联合峰度、FV以及残差求和来描述局域编码向量。

从特征位置聚类方法的角度来看，采用极差、峰度方法描述局域特征分布时，时间聚类以及时空聚类明显优于空间聚类。除此以外，空间聚类在多数情况下取得了更高的识别率。值得注意的是，采用偏度以及FV方法时，三类时空聚类方法的变化规律趋向于一致。

对于描述局域特征分布的方法，当采用偏度时，在空间聚类或者时间聚类数 M 仅为 2 时达到最大值。当采用联合偏度和峰度方法时，性能较之单独采用峰度或者偏度没有显著的变化。采用FV时，随着聚类数目的增加识别精度有先增加后下降的趋势，在聚类数 M 等于 6 时，识别率达到最高值95.16%。采用残差求和来描述局域特征时，随着空间聚类数从 3 增加到 8 时性能稳步上升到最高值。

（二）UCF sports 数据库上的实验结果

特征预处理的 PCA 维度以及 Gaussian 混合模型分量数目的选择与 KTH 数据库相同，聚类方法方法采用时间聚类、时空聚类两种方法，实验结果如图 5-3 所示。整体来看，随着聚类数目的变化，识别率有先增大后减小的趋势，且识别精度较之 KTH 数据库起伏增大，说明 UCF sports 数据库对于时空分割更敏感。

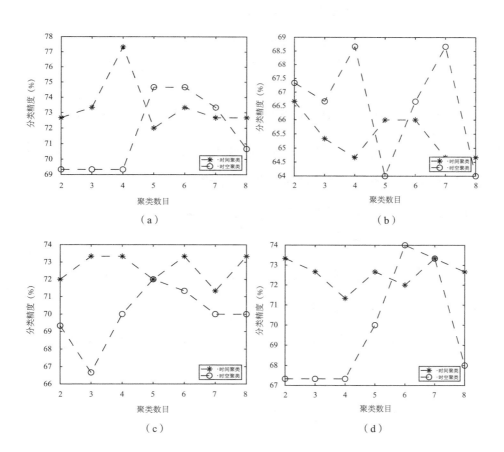

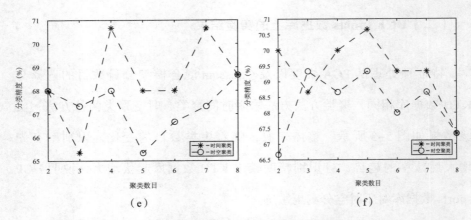

图 5-3　UCF sports 数据库上的结果

注：(a)~(f)分别采用了极差、偏度、峰度、偏度联合峰度、FV 以及残差求和来描述局域编码向量。

当用偏度方法描述局域特征时，时空聚类要优于时间聚类，且当聚类数为 4 时，达到最优值。除此之外，时间聚类方法在大多数情况下优于时空聚类。而对照各类局域特征描述方法，性能最好的是极差方法，其次是偏度联合峰度、峰度，最差的是偏度方法。在采用极差以及时间聚类为 4 时最高识别率达到 77.3%。

为了比较不同时空聚类方法的性能，固定聚类数为 4，结果如表 5-1 所示。很明显，只考虑空间的聚类时性能最差，与时间聚类相比最大差距为 8 个百分点，这说明在该数据库中，特征间的时间关联更为重要。

表 5-1　UCF sports 数据库上不同时空聚类方法的性能比较

单位：%

	range	skewness	kurtosis	sk_ku	FV	residual
时间聚类	77.33	64.67	73.33	71.33	70.67	70.0
空间聚类	68.67	66.67	68.0	69.33	68.0	66.0
时空聚类	69.33	68.67	70.0	67.33	68.0	68.67

（三）UCF101 数据库上的实验结果

相比较于前两个数据库，UCF101 数据库规模庞大，行为类别繁多，是视频行为识别领域最具挑战性的数据库之一。为了验证本章方法的有效性，在本次实验中采用了两种基准方法：一是文献 [99] 提供的基于单词包的基准方法，在训练集中随机选取 100 000 个时空兴趣点特征，然后采用 k 均值聚类方法产生 4 000 个单词的码本，对每个特征根据最近邻分类方法进行硬编码，在得到每个视频的 4 000 维的单词包表示后再通过 SVM 进行分类识别，最终得到的识别率为 43.9%。

相较于手工设计的特征，深度学习特征可以自动学习合适的特征，并在计算机视觉的各个领域取得了显著的成效，因此第二个比较基准本章选择基于深度学习特征的分类方法。深度学习特征在静态图像的识别任务中大幅超越了手工设计的方法 [40, 162]，但将其引入视频行为识别任务中面临着样本不足的问题，虽然 UCF101 数据库的样本数超过一万个，但与 ImageNet 数据库上千万的样本相比较样本仍然太少了，极易陷入过拟合，为此一般均采用 ImageNet 上训练的网络模型来提取视频每一帧的深度特征。本章采用牛津大学 VGG 研究组（Visual Geometry Group）发布的 MatConvNet [1] 来提取深度特征，预训练模型采用文献 [41] 的快速结构模型（CNN-F），其各层参数设置如表 5-2 所示，共包含 8 层，前 5 层为卷积层，最后 3 层为全连接层。所有输入图片的大小统一调整为 224×224。为了快速处理数据，第一个卷积层的步长为 4 个像素，其余卷积层的步长设为 1 个像素。

表 5-2　深度网络模型参数选择

层次	滤波器数目	特征图维度	核维度	步长	填充维度
图像输入层		224×224×3			
卷积层 1	64	64×55×55	11×11	4×4	0×0
卷积层 2	256	256×27×27	5×5	1×1	2×2
卷积层 3	256	256×13×13	3×3	1×1	1×1
卷积层 4	256	256×13×13	3×3	1×1	1×1
卷积层 5	256	256×13×13	3×3	1×1	1×1
全连接层 1（fc6）		4 096×1			
全连接层 1（fc7）		4 096×1			
全连接层 1（fc8）		1 000×1			

如将深度网络看作特征提取器，理论上其每一层的响应均可作为特征，其中全连接层是在 5 个卷积层之后产生的特征，可视为全局特征，而卷积层的响应相应地可看作局部特征。文献 [162] 的研究表明将 ImageNet

---

① http://www.vlfeat.org/matconvnet/

上训练的模型迁移到其他计算机识别任务中如实例检索时，分别采用三个全连接层 fc6、fc7、fc8 作为特征提取器所得到的检索准确度是依次降低的，即更高层全连接层比之前的泛化能力更弱。文献 [46，163，164] 均将第一个全连接层 fc6 的响应作为特征输出。

在提取视频的深度特征时，首先提取视频的所有帧，并将视频帧尺寸规格化为 224×224，然后遵循文献 [46，162–164] 的做法提取所有帧的第一个全连接层 fc6 的特征，将所有帧的特征取平均得到视频的 4 096 维的特征表示。最后采用线性 SVM 进行分类识别，得到的识别率为 66.4%，略低于文献 [41] 中的结果，这可归因于所采用的模型参数不同。

实验中，由于 UCF101 数据库的行为种类较多，数据庞大繁杂，在预处理特征时采用了较前两个数据库更高的 128 维 PCA 进行降维处理，Gaussian 混合模型的维度亦设定为 128 维。首先采用时空兴趣点特征，在图 5-4 中比较了不同聚类数目下的分类结果，当采用时间聚类时，采用峰度、极差描述局域的性能随着聚类数的增加缓慢升高，而采用偏度时则逐渐下降。采用时空聚类时，所有曲线都有逐渐升高然后下降的趋势，当聚类数为 7 时达到最高值。

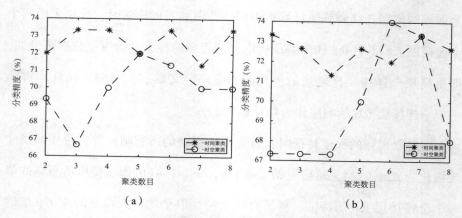

图 5-4   UCF101 数据库中分类精度随着聚类数目的变化图

注：(a) 为时间聚类，(b) 为时空聚类，高阶矩采用了偏度、峰度以及极差三类，采用的特征为时空兴趣点特征。

如表 5-3 所示，总结了采用不同的聚类方法和高阶矩时的性能，采用时空兴趣点特征时，无论是时间聚类还是时空聚类，采用极差时的性能最优，峰度次之，偏度最差。当联合极差和峰度描述局域时，性能略有提升，采用时间聚类时最高为 68.54%，时空聚类时稍低一些为 68.27%。无论采用何种高阶矩来描述局域特征，时间聚类均优于时空聚类，在 UCF sports 数据库上的实验结果也类似，如表 5-1 所示，大部分情况下时间聚类取得的性能是最优的。由此可见，对于复杂数据库上的行为识别，特征间的时间关联对于提升识别性能起着关键作用。为此，当采用轨迹特征（特征描述符为 MBH）时，聚类方法只采用时间聚类方法，特征预处理同样采用 128 维 PCA 进行降维处理，聚类数目设定为 5，三类高阶矩间的识别率差距比采用时空兴趣点特征时小很多，采用极差时的结果最优，将

极差和峰度结合起来得到的最好识别率为 89.67%，这远高于实验设定的
两个基准方法，需要着重强调的是，比基于深度学习特征的基准方法高了
23 个百分点。

表 5-3　UCF101 数据库上不同时空聚类方法的性能比较

单位：%

特征	聚类方法	Skewness	Kurtosis	Range	Kurtosis+Range
STIPs	时间聚类	63.8	67.50	68.11	68.54
	时空聚类	63.43	67.19	67.58	68.27
DT	时间聚类	85.61	88.35	89.22	89.67

注：采用的特征分别为时空兴趣点特征（STIPs）和轨迹特征（DT）。

（四）实验结果分析

在表 5-4 中，比较了在 KTH、UCF sports 数据库上本章方法与其他
算法的性能。在两个数据库中均取得了明显优于费舍尔向量编码的性能，
尤其是在 UCF sports 数据库中，提升了 13.3 个百分点，与文献 [161] 相
比性能略低。在 KTH 数据库上文献 [157] 取得了优于本章所提算法的性
能，其算法挖掘了特征间具有语义含义的概念特征，而本章方法没有发掘
特征间的语义模式，只考虑了特征的统计特性。总体来说，特征间的时空
信息对于视频序列中的行为识别来讲意义重大，将其纳入对于视频的编码
中，较大程度提升了特征的表现能力。

表 5-4　在 KTH、UCF sports 数据库中本章方法与其他方法的比较

单位：%

	VLAD	FV	本章方法	其他文献
KTH	88.47	91.97	95.16	89.63[114] 99.5[157]
UCF sports	66.0	64.0	77.3	69.2[152] 78.6[161]

　　对于 KTH、UCF sports 两个数据库而言，不同的时空聚类方法表现差异很大，在 KTH 数据库中空间聚类得到的识别率达到最大，而 UCF sports 则倾向于时间聚类方法，这与数据库的特点有关。在 KTH 数据库中，相机固定，摄像视角基本不变，行为人几乎都在中央，当采用空间域聚类时，近似于对肢体动作进行分离，这无疑提升了特征的表现能力。而对于 UCF sports 数据库来说，由于是在真实环境下的运动视频，背景嘈杂，拍摄视角不定，这使得特征点在空间域的分布没有规律。

　　表 5-5 中比较了在 UCF101 数据库上本章方法与其他方法的性能，采用时空兴趣点特征时，相对于单词包基准方法来讲，基于时空信息的超向量编码方法的性能有了大幅提升，提高了接近 25 个百分点，相比第四章的方法性能也略有提升，增加了大约 2 个百分点；采用密集轨迹特征时，本章方法比文献 [165] 的方法高了近 4 个百分点。Wang 等 [165] 采用了空间费舍尔向量（SFV：spatial fisher vector）叠加时空金字塔（STP：spatio-temporal pyramid）方法，对于每一个视频样本，在时间轴上分为 2 段，空间域上水平方向分为 3 段，在每一个格子上计算 SFV，即对特征点的坐标计算均值和方差然后得到空间的费舍尔向量，这样就把特征间的

时空位置信息编码到了视频的表示中去了。这和本章方法的思路有些类似，不同之处是，对于视频时空的切分，不是预先设定为平均切分，而是根据特征的位置进行聚类然后再分为不同的时空体；在每一个时空体中，Wang 等计算了 SFV，而本章方法只统计了特征的高阶矩，如取得最好性能的极差，只求特征向量各个维度的范围，运算效率更高。这说明通过特征时空位置进行聚类从而分割视频更能体现特征间的关联，联合全局特征的 Fisher 向量和局域特征分布的高阶矩来表示视频中的行为，将局域的特征分布高阶矩融入编码当中，相当于将特征点的时空信息纳入视频的最终表示中，从而提升了性能。相比于第四章只计入视频所有特征点的分布特性，本章方法的局域特征分布高阶矩包含了更丰富的信息。

表 5–5　UCF101 数据库上本章方法与其他方法的性能比较

单位：%

BoW	CNN–F	文献[44]	LRCN[51]	文献[45]	本章方法（STIPs）	双路CNNs[49]	P3DResNet[48]	DT+FV[165]	C3D[46]	本章方法（DT）
43.9	66.4	65.4	68.2	65.8	68.54	88.0	88.6	85.7	85.2	89.67

对照时空兴趣点和轨迹特征的性能，可以发现时空兴趣点特征的性能提升更大，从单词包基准方法的 43.9% 提升了超过 50%，达到了 68.54%；而轨迹特征在单词包模型下联合了 HoG、HoF 以及 MBH 三种描述符获得的识别率为 83.5%[165]，本章方法只采用了 MBH 描述符性能即

提升了 6 个百分点。相比较而言，时空兴趣点特征对应的性能提升幅度更大，这是由两类特征的特性所决定的，时空兴趣点特征不包含时空域的信息，因此采用单词包模型来表示视频时性能较低，而本章方法将特征点的时空信息融入编码中，所以性能得到了大幅提升；密集轨迹特征是目前性能表现最好的手工设计特征，通过跟踪密集采样的特征点，提取出了多尺度的密集轨迹，特征描述符中包含了轨迹形状、外观以及运动信息，因此性能提升幅度较小。

UCF101 数据库的第二个基准方法以及文献 [44-46，48，49，51] 均采用了卷积神经网络等深度学习方法，识别精度均低于本章方法，需要强调的是，本章方法在采用时空兴趣点特征时超过了文献 [44，45，51] 中的识别率。Karpathy 等 [44] 在超大型视频数据库 Sports-1M 上费时 1 个月训练了卷积网络（CNNs：Convolutional Neural Networks），为了提高运行速度，CNNs 中包含了两个独立的信息流：一个是在低分辨率帧上学习特征的背景流，另一个是只在帧中间作用的高分辨率中央窝（fovea）流；为了利用行为的运动信息，他们提出了三种融合方法：前端融合、后端融合以及慢融合，其中慢融合性能最好。将该网络应用到 UCF101 数据库上，对网络参数做了微调，发现只调整最高 3 层的参数得到的识别率最高，为 65.4%，对网络所有层的参数微调性能反而低 3 个百分点。作为对照，Karpathy 等 [44] 还在 UCF101 数据库上重新训练学习网络，得到的识别率只有 41.3%，很显然与 Sports-1M 的超百万的样本相比 UCF101 总共才一万多的视频，由于训练样本太少使得模型陷于过拟合从而导致性能较差，这也证实了巨量训练样本对于深度学习模型的重要性。文献 [45] 引入了时空立方体拼图的自监督学习任务方法来训练三维卷积神经网络，利用学习得到的空间表观特征以及视频帧的时间关联来进行分类，在 UCF101 数据库上识别精度为 65.8%。Donahue 等 [51] 提出了长期递归卷积网络（LRCN：long-term recurrent convolutional networks），在用 CNNs 提取特征后应用基于递归神经网络（RNN）的长短期记忆网络（LSTM：long short term memory）来建模视频帧序列的动态特性，当输入为视频帧的 RGB 值时在 UCF101 数据库上识别精度为 68.2%，当联合 RGB 和光流输入时得到的最高识别率为 82.34%，均低于本章方法得到的结果。

Simonyan 等 [49] 提出双路结构 CNNs，用一个二维的卷积网络捕捉空间特征，另外一个二维卷积网络从光流场中提取时间特征，最后融合空间、时间特征进行分类识别，在 UCF101 数据库上达到了 88.0% 的识别率。不同于文献 [44，49] 只采用二维的卷积和池化操作，Tran 等 [46] 在网络的所有层中均采用了三维卷积和池化以在网络的所有层中传递时间信息，在 UCF101 数据库上的识别率为 85.2%。Qiu 等 [48] 提出了准三维残差网络模型（Pseudo-3D Residual Networks），为了降低训练三维卷积网络所需的计算成本，将三维卷积分解为空域上的 $1 \times 3 \times 3$ 卷积（相当于二维）和时域上的 $3 \times 1 \times 1$ 卷积的组合，除了降低模型规模，还可以利用在 ImageNet 数据库上预训练的二维模型，在 UCF101 上得到了 88.6% 的识别率。

视频样本的缺乏是深度学习应用到视频识别领域的一个瓶颈，文献

[166] 直接在 UCF101、HMDB–51、ActivityNet 上训练三维深度学习网络，精度很低，如在 UCF101 上的精度才为 42.4%，在文献 [44] 中采用了超过 100 万个视频样本训练深度学习模型，得到的精度也远低于预期。本章方法识别性能超过了基于深度学习特征的方法 [44–46，48，49，51]，需要着重指出的是，在文献 [46，48，167] 中，将深度学习特征和密集轨迹结合起来提升了分类精度，这说明深度特征和密集轨迹特征间存在一定程度的互补性，但两者之间存在互补性的原因尚不清楚，这也限制了两者更进一步的深度融合。因此，进一步研究基于手工设计特征的识别方法，提升特征对行为的表示能力，仍然是一个很有价值的研究方向。

本章提出了基于时空信息的超向量编码识别方法，通过将特征点间的时空关联纳入超向量编码中，大幅提升了行为的识别精度，尤其值得着重指出的是，在 UCF101 数据库中，本章取得的识别精度超过基于深度学习特征的方法 [44–46，48，49，51]。这说明，手工设计的特征，由于物理含义明确清晰进而具有较强的描述能力，其识别能力还有进一步挖掘的空间 [160，168–172]。在深度学习的框架下结合手工设计的特征是一个有意义的研究方向，如何将两者的优势结合起来改善行为识别的识别效率，亟待进一步的研究 [173，174]。

四、本章小结

为了克服费舍尔向量以及 VLAD 等方法忽略特征间的时空关系造成的信息损失，本章在第四章的基础上，提出了基于时空关系的超向量编码方法，首先，提取视频的特征如时空兴趣点、密集轨迹等，根据特征的位置坐标，进行聚类；在每一个时空分块中，采用费舍尔向量、各类高阶统计矩来编码局部的特征点集；最后联合全局的费舍尔向量编码组成视频的超向量表示，在 KTH、UCF sports 以及 UCF101 数据库上的实验取得了较好的识别率。

同费舍尔向量、VLAD 等超向量编码方法一样，本章提出的超向量编码本质上就是一种池化方法（pooling）。通常所讲的池化包含两类：最大池化以及求和池化，统计了特征的某种分布特性。本章的方法可视为异质的层次统计池化方法，在不同层次，全局和局域，采用不同方法描述了特征的分布特性，后续的研究将着眼于池化方法的泛化以及从更多的视角来描述视频中的特征分布。另外，将各类广义的池化方法应用到深度学习的池化层将是一个有益的尝试。

第六章　总结与展望

一、总结

视频序列中行为识别的研究是当前的一个研究热点，应用前景广阔，在医疗看护、视频监控、安保、视频检索以及运动分析等方面已经步入实用化。但由于视频本身包含了丰富的信息，且实际应用场景下背景嘈杂、视角多变以及行为本身的歧义性，行为识别的研究存在着诸多挑战，需要进一步深入研究。本书的主要工作围绕着如何表示视频中的行为展开，包含三个方面，一是研究从底层特征中提取中层特征表示问题；二是从行为相似的角度来研究行为的表示；三是从特征的统计分布出发研究特征的编码表示方法。总之，基于手工设计的特征，本书从多个角度来改进底层特征的表示能力，进而提升分类识别性能。创新点总结如下：

（1）概率隐含语义分析模型是文本分析中得到广泛应用的一种主题模型，在引入计算机视觉领域后取得了较好的性能。在单词包框架下，有研究表明不同的特征编码方法对于性能有重要影响。受此启发，本书着重研究了不同编码方法联合归一化方法对于概率隐含语义分析模型分类性能的影响，通过实验发现局域软分配编码结合指数归一化方法大幅提升了识别性能；还考察了主成分分析预处理原始特征对于性能的影响，当特征包含较多噪声成分时，计算量显著降低的同时，分类识别性能甚至会有所提升。

（2）稀疏编码在计算机领域有着广泛的应用，如何得到规模合适的字典是决定其性能的重要因素。在行为相似度识别的研究中，本书提出了过完备稀疏编码的行为相似识别方法，通过高斯混合模型特征的分布进行建模，对于每一个混合模型分量通过训练得到子码本，综合各分量的码本即得到超完备的码本集。在超完备的码本上对特征编码，得到稀疏的编码表示，在降低对于运算能力要求的同时，又提升了对于行为的描述能力，在ASLAN 行为相似数据库上的实验验证了本书所提方法的有效性。

（3）费舍尔向量编码和局域聚合描述符向量编码可视为单词包模型的扩展，也存在编码信息损失问题，为此本书提出了两种改进方法，对于局域聚合描述符向量方法，采用两种软分配方法替代向量量化的硬编码方法，提升了编码性能；对于费舍尔向量方法，将特征的高阶矩统计量融入编码中，本书提出了联合高阶矩的特征编码方法。在 KTH、UT、UCF sports 以及 UCF101 数据库上取得了较高的识别性能。

（4）传统的单词包模型以及费舍尔向量编码等方法都忽略了特征间的关联，而视频特征间的时空关系包含了丰富的信息，对于提升识别性能是非常重要的。为此，本书提出了基于时空信息的超向量编码行为识别方法，通过聚类特征点的位置坐标，将视频切分为时空体的组合，在每一个时空体中，统计局部特征点集的分布特性，结合全局的费舍尔向量编码组成视频的超向量表示。在主流数据库上的实验验证了所提编码方法的有效性，值得着重指出的是，在 UCF101 数据库上取得了比基于深度特征方法更好的性能。

二、展望

技术的发展、社会的进步以及应用的广泛需求，给视频序列中的行为识别研究带来了诸多的挑战，使得该领域的研究持续成为研究热点，这推动了研究的进一步深入，也提出了新的问题。

在前述研究的基础上，今后的研究方向主要集中于以下几点：

（1）行为识别的实时性问题。在某些需要实时处理数据并给出结论的应用场合中，比如厂矿企业应用场景中，对于某些危险行为要求能实时地检测到以便于及时处理，这就要求算法需要更快的处理数据。但是视频的数据量相对于静态图片而言大了许多，这对于计算资源提出了很高的要求。如何快速、准确地对数据进行处理，在尽可能短的时间内挖掘出有用信息对于算法是个挑战。

（2）迁移学习在行为识别中的应用。在对行为相似研究的基础上，如何将视频行为模型通过迁移学习的方法应用到新的场景下，将是一个很有前景的研究方向，除了降低计算量以外，还可以利用先验知识提升识别性能。

（3）深度学习在视频中的行为识别的应用。由于对计算资源要求较高且存在理论上的困难，深度学习方法在视频行为识别研究领域仍面临着诸多挑战。手工设计的特征在多数数据库上获得了很好的性能，如何将相关编码方法、池化方法应用到深度学习框架中，以及如何将深度学习和手工设计的特征融合起来提升识别性能，需要进一步的加以研究。

参加的科研项目和获得的奖励

主持的科研项目

（1）福建省自然科学基金项目：视频序列的语义信息提取研究（项目编号：2018J01552），已结题。

（2）福建省教育厅项目：复杂场景下视频序列中的行为识别建模（项目编号：JA15309），已结题。

参加的科研项目

（1）国家自然科学基金：基于稀疏编码网络结构的目标迁移跟踪算法研究（项目编号：61802058）。

（2）国家自然科学基金：双耳交互计算模型与空间听觉研究（项目编号：61201345）。

（3）国家自然科学基金：基于空间听觉感知的双耳语音分离和识别关键问题研究（项目编号：61571106）。

获得的奖励

《电子测量与仪器学报》2014年度优秀论文奖。

参考文献

[1] Yao G，Lei T，Zhong J. A review of convolutional-neural-network-based action recognition [J]. Pattern Recognition Letters，2019，118：14-22.

[2] Sargano A B，Angelov P，Habib Z. A comprehensive review on handcrafted and learning-based action representation approaches for human activity recognition [J]. Applied Sciences，2017，7（1）：110.

[3] Herath S，Harandi M，Porikli F. Going deeper into action recognition：A survey [J]. Image and Vision Computing，2017，60：4-21.

[4] Bux A，Angelov P，Habib Z. Vision based human activity recognition：A review [M]. Advances in computational intelligence systems. Springer. 2017：341-371.

[5] Asadi-Aghbolaghi M，Clapes A，Bellantonio M，et al. A survey on deep learning based approaches for action and gesture recognition in image sequences [C]// in Automatic Face & Gesture Recognition（FG 2017），

2017 12th IEEE International Conference on，2017，pp. 476-483：IEEE.

[6] Peng X，Wang L，Wang X，et al. Bag of visual words and fusion methods for action recognition：Comprehensive study and good practice [J]. Computer Vision and Image Understanding，2016，150：109-125.

[7] 柳晶晶，陶华伟，罗琳，等 . 梯度直方图和光流特征融合的视频图像异常行为检测算法 [J]. 信号处理，2016（01）：1-7.

[8] Jia D，Wei D，Socher R，et al. Imagenet：A large-scale hierarchical image database [C]// in Computer Vision and Pattern Recognition，2009 CVPR 2009 IEEE Conference on，2009，pp. 248-255.

[9] Krizhevsky A，Sutskever I，Hinton G E. Imagenet classification with deep convolutional neural networks [C]// in NIPS，2012，vol. 1，p. 4.

[10] Cristani M，Raghavendra R，Del Bue A，et al. Human behavior analysis in video surveillance：A social signal processing perspective [J]. Neurocomputing，2013，100（0）：86-97.

[11] Yuan F，Prinet V，Yuan J. Middle-level representation for human activities recognition：The role of spatio-temporal relationships[C]// in Proceedings of the 11th European conference on Trends and Topics in Computer Vision-Volume Part I，2010，pp. 168-180：Springer-Verlag.

[12] Rohr K. Towards model-based recognition of human movements in

image sequences [J]. CVGIP：Image understanding, 1994, 59（1）: 94–115.

[13] Bobick A F, Davis J W. The recognition of human movement using temporal templates [J]. Pattern Analysis and Machine Intelligence, IEEE Transactions on, 2001, 23（3）: 257–267.

[14] Gorelick L, Galun M, Sharon E, et al. Shape representation and classification using the poisson equation [C]// in Computer Vision and Pattern Recognition, Proceedings of the 2004 IEEE Computer Society Conference on, 2004, vol. 2, pp. 61–67.

[15] Blank M, Gorelick L, Shechtman E, et al.Actions as space–time shapes [C]// in Computer Vision, 2005 Tenth IEEE International Conference on, 2005, vol. 2, pp. 1395–1402.

[16] Laptev I, Lindeberg T.Space–time interest points [C]// in Computer Vision, 2003 Proceedings Ninth IEEE International Conference on, 2003, pp. 432–439.

[17] Dollar P, Rabaud V, Cottrell G, et al.Behavior recognition via sparse spatio–temporal features [C]// in Visual Surveillance and Performance Evaluation of Tracking and Surveillance, 2005 2nd Joint IEEE International Workshop on, 2005, pp. 65–72.

[18] Lindeberg T. Feature detection with automatic scale selection [J]. International journal of computer vision, 1998, 30（2）: 79–116.

[19] Willems G, Tuytelaars T, Van Gool L. An efficient dense and scale-invariant spatio-temporal interest point detector [M]. Computer vision-eccv 2008. Springer. 2008：650-663.

[20] Laptev I. On space-time interest points [J]. International Journal of Computer Vision, 2005, 64（2-3）：107-123.

[21] Fei-Fei L, Perona P. A bayesian hierarchical model for learning natural scene categories[C]// in Computer Vision and Pattern Recognition, 2005 IEEE Computer Society Conference on, 2005, vol. 2, pp. 524-531.

[22] Jurie F, Triggs B.Creating efficient codebooks for visual recognition, [C]// in Computer Vision, 2005 ICCV 2005 Tenth IEEE International Conference on, 2005, vol. 1, pp. 604-610 Vol. 601.

[23] Wang H, Ullah M M, Klaser A, et al. Evaluation of local spatio-temporal features for action recognition [C]// in British Machine Vision Conference, 2009, pp. 1-11.

[24] Wang H, Klaser A, Schmid C, et al. Action recognition by dense trajectories, [C]// in Computer Vision and Pattern Recognition (CVPR), 2011 IEEE Conference on, 2011, pp. 3169-3176.

[25] Klaser A, Marszalek M A spatio-temporal descriptor based on 3d-gradients [C]// in British Machine Vision Conference, 2008, pp. 1-10.

[26] Le Q V, Zou W Y, Yeung S Y, et al. Learning hierarchical invariant spatio-temporal features for action recognition with independent subspace analysis, [C]// in Computer Vision and Pattern Recognition (CVPR), 2011 IEEE Conference on, 2011, pp. 3361-3368.

[27] Fathi A, Mori G. Action recognition by learning mid-level motion features, [C]// in Computer Vision and Pattern Recognition, 2008 IEEE Conference on, 2008, pp. 1-8.

[28] Raptis M, Kokkinos I, Soatto S. Discovering discriminative action parts from mid-level video representations [C]// in Computer Vision and Pattern Recognition (CVPR), 2012 IEEE Conference on, 2012, pp. 1242-1249.

[29] Jain A, Gupta A, Rodriguez M, et al. Representing videos using mid-level discriminative patches [M]. Computer Vision and Pattern Recognition (CVPR), 2013 IEEE Conference on. 2013: 1-8.

[30] Yao A, Gall J, Fanelli G, et al. Does human action recognition benefit from pose estimation? [C]// in Proceedings of the 22nd British machine vision conference-BMVC 2011, 2011.

[31] Gaidon A, Harchaoui Z, Schmid C.Actom sequence models for efficient action detection [C]// in Computer Vision and Pattern Recognition (CVPR), 2011 IEEE Conference on, 2011, pp. 3201-3208.

[32] Gaidon A, Harchaoui Z, Schmid C. Temporal localization of actions

with actoms [J]. Pattern Analysis and Machine Intelligence, IEEE Transactions on, 2013, PP（99）: 1-1.

[33] Raptis M, Sigal L. Poselet key-framing: A model for human activity recognition [C]// in Proceedings of the IEEE Conference on Computer Vision and Pattern Recognition, 2013, pp. 2650-2657.

[34] Sadanand S, Corso J J. "Action bank: A high-level representation of activity in video," [C]// in Computer Vision and Pattern Recognition （CVPR）, 2012 IEEE Conference on, 2012, pp. 1234-1241.

[35] Yan Y, Yang Y, Meng D, et al. Event oriented dictionary learning for complex event detection [J]. IEEE Transactions on Image Processing, 2015, 24（6）: 1867-1878.

[36] Marszalek M, Laptev I, Schmid C.Actions in context [C]// in Computer Vision and Pattern Recognition, 2009 IEEE Conference on, 2009, pp. 2929-2936.

[37] Zhang Y, Qu W, Wang D. Action-scene model for human action recognition from videos [J]. AASRI Procedia, 2014, 6: 111-117.

[38] Bangpeng Y, Xiaoye J, Khosla A, et al. Human action recognition by learning bases of action attributes and parts [C]// in Computer Vision （ICCV）, 2011 IEEE International Conference on, 2011, pp. 1331-1338.

[39] Jingen L, Kuipers B, Savarese S.Recognizing human actions by

attributes，[C]// in Computer Vision and Pattern Recognition（CVPR），2011 IEEE Conference on，2011，pp. 3337–3344.

[40] Krizhevsky A，Sutskever I，Hinton G E. Imagenet classification with deep convolutional neural networks [C]// in Advances in neural information processing systems，2012，pp. 1097–1105.

[41] Chatfield K，Simonyan K，Vedaldi A，et al. Return of the devil in the details：Delving deep into convolutional nets [J]. arXiv preprint arXiv:14053531，2014.

[42] Jing L，Tian Y. Self–supervised visual feature learning with deep neural networks：A survey [J]. arXiv preprint arXiv:190206162，2019.

[43] Voulodimos A，Doulamis N，Doulamis A，et al. Deep learning for computer vision：A brief review [J]. Computational intelligence and neuroscience，2018，2018.

[44] Karpathy A，Toderici G，Shetty S，et al. Large–scale video classification with convolutional neural networks [C]// in Proceedings of the IEEE conference on Computer Vision and Pattern Recognition，2014，pp. 1725–1732.

[45] Kim D，Cho D，Kweon I S. Self–supervised video representation learning with space–time cubic puzzles [J]. arXiv preprint arXiv:181109795，2018.

[46] Tran D，Bourdev L，Fergus R，et al. Learning spatiotemporal features

with 3d convolutional networks [C]// in 2015 IEEE International Conference on Computer Vision（ICCV）, 2015, pp. 4489-4497: IEEE.

[47] He K, Zhang X, Ren S, et al. Deep residual learning for image recognition [C]// in Proceedings of the IEEE conference on computer vision and pattern recognition, 2016, pp. 770-778.

[48] Qiu Z, Yao T, Mei T. Learning spatio-temporal representation with pseudo-3d residual networks [C]// in 2017 IEEE International Conference on Computer Vision（ICCV）, 2017, pp. 5534-5542.

[49] Simonyan K, Zisserman A. Two-stream convolutional networks for action recognition in videos [C]// in Advances in neural information processing systems, 2014, pp. 568-576.

[50] Wang L, Qiao Y, Tang X. Action recognition with trajectory-pooled deep-convolutional descriptors [C]// in Proceedings of the IEEE conference on computer vision and pattern recognition, 2015, pp. 4305-4314.

[51] Donahue J, Hendricks L A, Rohrbach M, et al. Long-term recurrent convolutional networks for visual recognition and description [J]. IEEE Transactions on Pattern Analysis & Machine Intelligence, 2017,39（4）: 677-691.

[52] Zhu J, Zhu Z, Zou W. End-to-end video-level representation learning

for action recognition [C]// in 2018 24th International Conference on Pattern Recognition（ICPR），2018，pp. 645–650：IEEE.

[53] Hosseini S，Lee S H，Cho N I. Feeding hand-crafted features for enhancing the performance of convolutional neural networks [J]. arXiv preprint arXiv:180107848，2018.

[54] de Souza C R. Action recognition in videos：Data-efficient approaches for supervised learning of human action classification models for video [D]. Universitat Autònoma de Barcelona，2018.

[55] 黄凯奇，陈晓棠，康运锋，等 . 智能视频监控技术综述 [J]. 计算机学报，2015，38（06）：1093–1118.

[56] Wang L，Xiong Y，Wang Z，et al. Temporal segment networks for action recognition in videos [J]. IEEE transactions on pattern analysis and machine intelligence，2018.

[57] 朱煜，赵江坤，王逸宁，等 . 基于深度学习的人体行为识别算法综述 [J]. 自动化学报，2016，42（6）：848–857.

[58] Wang P，Liu L，Shen C，et al. Order-aware convolutional pooling for video based action recognition [J]. Pattern Recognition，2019.

[59] Sivic J，Zisserman A. Video google：A text retrieval approach to object matching in videos [C]// in Computer Vision，2003 Proceedings Ninth IEEE International Conference on，2003，pp. 1470–1477

[60] Ryoo M S. Human activity prediction：Early recognition of ongoing

activities from streaming videos [C]// in Computer Vision（ICCV），2011 IEEE International Conference on，2011，pp. 1036–1043.

[61] Bettadapura V，Schindler G，Plötz T，et al. Augmenting bag-of-words：Data-driven discovery of temporal and structural information for activity recognition，[C]// in Data-Driven Discovery of Temporal and Structural Informatio，2013，pp. 1–8.

[62] Schuldt C，Laptev I，Caputo B.Recognizing human actions：A local svm approach，[C]// in Pattern Recognition，2004 Proceedings of the 17th International Conference on，2004，vol. 3，pp. 32–36

[63] Jingen L，Jiebo L，Shah M. Recognizing realistic actions from videos "in the wild"，[C]// in Computer Vision and Pattern Recognition，2009 IEEE Conference on，2009，pp. 1996–2003.

[64] Niebles J，Chen C W，Fei-Fei L. Modeling temporal structure of decomposable motion segments for activity classification，[C]// in European Conference on Computer Vision（ECCV）2010，pp. 392–405.

[65] Tang K，Li F-F，Koller D. Learning latent temporal structure for complex event detection，[C]// in Computer Vision and Pattern Recognition（CVPR），2012 IEEE Conference on，2012，pp. 1250–1257.

[66] Perronnin F，Liu Y，Sánchez J，et al. Large-scale image retrieval

with compressed fisher vectors，[C]// in Computer Vision and Pattern Recognition（CVPR），2010 IEEE Conference on，2010，pp. 3384–3391：IEEE.

[67] Perronnin F，Sánchez J，Mensink T. Improving the fisher kernel for large-scale image classification [M]. Computer vision-eccv 2010. Springer. 2010：143-156.

[68] Jégou H，Douze M，Schmid C，et al. Aggregating local descriptors into a compact image representation [C]// in Computer Vision and Pattern Recognition（CVPR），2010 IEEE Conference on，2010，pp. 3304–3311.

[69] Mironica I，Uijlings J，Rostamzadeh N，et al. Time matters：Capturing variation in time in video using fisher kernels [M]. Proceedings of the 21st ACM international conference on Multimedia. Barcelona，Spain；ACM. 2013：701-704.

[70] Oneata D，Verbeek J，Schmid C. Action and event recognition with fisher vectors on a compact feature set [C]// in IEEE Intenational Conference on Computer Vision（ICCV），2013.

[71] Sánchez J，Perronnin F，Mensink T，et al. Image classification with the fisher vector：Theory and practice [J]. International Journal of Computer Vision，2013，105（3）：222-245.

[72] Simonyan K，Parkhi O M，Vedaldi A，et al. "Fisher vector faces in the

wild,"[C]// in BMVC, 2013, vol. 2, p. 4.

[73] Bach S, Binder A, Montavon G, et al. Analyzing classifiers: Fisher vectors and deep neural networks [J]. arXiv preprint arXiv:151200172, 2015.

[74] Novotný D, Larlus D, Perronnin F, et al. Understanding the fisher vector: A multimodal part model [J]. arXiv preprint arXiv:150404763, 2015.

[75] Rostamzadeh N, Uijlings J, Mironica I, et al. Cluster encoding for modelling temporal variation in video [C]// in Image Processing (ICIP), 2015 IEEE International Conference on, 2015, pp. 3640–3644: IEEE.

[76] İkizler N, Forsyth D. Searching for complex human activities with no visual examples [J]. International Journal of Computer Vision, 2008, 80 (3): 337–357.

[77] Sminchisescu C, Kanaujia A, Metaxas D. Conditional models for contextual human motion recognition [J]. Computer Vision and Image Understanding, 2006, 104 (2–3): 210–220.

[78] Brand M. Understanding manipulation in video [C]// in Automatic Face and Gesture Recognition, 1996, Proceedings of the Second International Conference on, 1996, pp. 94–99: IEEE.

[79] Ryoo M S, Aggarwal J K. Semantic representation and recognition of

continued and recursive human activities [J]. Int J Comput Vision, 2009, 82（1）: 1-24.

[80] Turaga P, Veeraraghavan A, Chellappa R. Unsupervised view and rate invariant clustering of video sequences [J]. Computer Vision and Image Understanding, 2009, 113（3）: 353-371.

[81] O' Hara S, Lui Y M, Draper B A. Using a product manifold distance for unsupervised action recognition [J]. Image and Vision Computing, 2012, 30（3）: 206-216.

[82] Niebles J C, Wang H, Fei-Fei L. Unsupervised learning of human action categories using spatial-temporal words [J]. International Journal of Computer Vision, 2008, 79（3）: 299-318.

[83] Xiaogang W, Xiaoxu M, Grimson W E L. Unsupervised activity perception in crowded and complicated scenes using hierarchical bayesian models [J]. Pattern Analysis and Machine Intelligence, IEEE Transactions on, 2009, 31（3）: 539-555.

[84] Li J, Gong S, Xiang T. Global behaviour inference using probabilistic latent semantic analysis [C]// in British Machine Vision Conference, 2008, pp. 1-10: Citeseer.

[85] Laptev I, Marszalek M, Schmid C, et al. Learning realistic human actions from movies [C]// in Computer Vision and Pattern Recognition, 2008 IEEE Conference on, 2008, pp. 1-8.

[86] Duchenne O, Laptev I, Sivic J, et al. Automatic annotation of human actions in video [C]// in Computer Vision, 2009 IEEE 12th International Conference on, 2009, pp. 1491–1498.

[87] Bojanowski P, Lajugie R, Bach F, et al. Weakly supervised action labeling in videos under ordering constraints [C]// in European Conference on Computer Vision, 2014, pp. 628–643: Springer.

[88] Huang D-A, Fei-Fei L, Niebles J C. Connectionist temporal modeling for weakly supervised action labeling [C]// in European Conference on Computer Vision, 2016, pp. 137–153: Springer.

[89] Wang L, Xiong Y, Lin D, et al. Untrimmednets for weakly supervised action recognition and detection [C]// in Proc CVPR, 2017.

[90] Cook D, Feuz K D, Krishnan N C. Transfer learning for activity recognition: A survey [J]. Knowledge and information systems, 2013, 36（3）: 537–556.

[91] Liangliang C, Zicheng L, Huang T S. Cross-dataset action detection [C]// in Computer Vision and Pattern Recognition（CVPR）, 2010 IEEE Conference on, 2010, pp. 1998–2005.

[92] Zhu F. Visual feature learning [D]. University of Sheffield, 2015.

[93] Shao L, Zhu F, Li X. Transfer learning for visual categorization: A survey [J]. IEEE transactions on neural networks and learning systems, 2015, 26（5）: 1019–1034.

[94] Zhu F, Shao L. Weakly-supervised cross-domain dictionary learning for visual recognition [J]. International Journal of Computer Vision, 2014: 1-18.

[95] Zhu J, Wang B, Yang X, et al. Action recognition with actons [C]// in Proceedings of the IEEE International Conference on Computer Vision, 2013, pp. 3559-3566.

[96] Chakraborty B, Holte M B, Moeslund T B, et al. A selective spatio-temporal interest point detector for human action recognition in complex scenes [C]// in Computer Vision (ICCV), 2011 IEEE International Conference on, 2011, pp. 1776-1783.

[97] Kitani K M, Ziebart B D, Bagnell J A, et al. Activity forecasting [C]// in European Conference on Computer Vision (ECCV) 2012, pp. 1-14.

[98] Chaquet J M, Carmona E J, Fernández-Caballero A. A survey of video datasets for human action and activity recognition [J]. Computer Vision and Image Understanding, 2013, 117 (6): 633-659.

[99] Soomro K, Zamir A R, Shah M, CRCV-TR-12-01 [R]: University of Central Florida, 2012.

[100] Ryoo M S, Aggarwal J K. Spatio-temporal relationship match: Video structure comparison for recognition of complex human activities, [C]// in Computer Vision, 2009 IEEE 12th International Conference on, 2009, pp. 1593-1600.

[101] Denina G, Bhanu B, Nguyen H T, et al. Videoweb dataset for multi-camera activities and non-verbal communication [M]. Distributed video sensor networks. Springer. 2011: 335-347.

[102] Kuehne H, Jhuang H, Garrote E, et al. Hmdb: A large video database for human motion recognition [C]// in Computer Vision (ICCV), 2011 IEEE International Conference on, 2011, pp. 2556-2563: IEEE.

[103] Kliper-Gross O, Hassner T, Wolf L. The action similarity labeling challenge [J]. Pattern Analysis and Machine Intelligence, IEEE Transactions on, 2012, 34 (3): 615-621.

[104] Kay W, Carreira J, Simonyan K, et al. The kinetics human action video dataset [J]. arXiv preprint arXiv:170506950, 2017.

[105] Xu Q, Wu Z. Research progress on activity recognition in video [J]. Journal of Electronic Measurement and Instrumentation, 2014,28(4): 343-351.

[106] Borges P V K, Conci N, Cavallaro A. Video-based human behavior understanding: A survey [J]. IEEE Transactions on Circuits and Systems for Video Technology, 2013, 23 (11): 1993-2008.

[107] 王新胜, 卞震. 基于贝叶斯模型的驾驶行为识别与预测 [J]. 通信学报, 2018, 39 (3): 108-117.

[108] HoFmann T. Unsupervised learning by probabilistic latent semantic

analysis [J]. Machine Learning, 2001, 42（1-2）: 177-196.

[109] Blei D M, Ng A Y, Jordan M I. Latent dirichlet allocation [J]. Journal of machine Learning research, 2003, 3（Jan）: 993-1022.

[110] Niebles J C, Li F-F. A hierarchical model of shape and appearance for human action classification [C]// in Computer Vision and Pattern Recognition, 2007 CVPR '07 IEEE Conference on, 2007, pp. 1-8.

[111] Shang L, Chan K-P. A temporal latent topic model for facial expression recognition [M]. KIMMEL R, KLETTE R, SUGIMOTO A. Computer vision – accv 2010. Springer Berlin Heidelberg. 2011: 51-63.

[112] Hospedales T, Gong S, Xiang T. Video behaviour mining using a dynamic topic model [J]. International Journal of Computer Vision, 2012, 98（3）: 303-323.

[113] Chatfield K, Lempitsky V S, Vedaldi A, et al. The devil is in the details: An evaluation of recent feature encoding methods [C]// in BMVC, 2011, vol. 2, no. 4, pp. 1-8.

[114] Xu Q, Zhou T, Zhou L, et al. Exploring encoding and normalization methods on probabilistic latent semantic analysis model for action recognition [C]// in 2016 8th International Conference on Wireless Communications & Signal Processing（WCSP）, 2016, pp. 1-5.

[115] Peng X, Qiao Y, Peng Q, et al. Exploring motion boundary based

sampling and spatial-temporal context descriptors for action recognition [C]// in Proc BMVC, 2013, pp. 1-11, 2013.

[116] Gemert J, Geusebroek J-M, Veenman C, et al. Kernel codebooks for scene categorization [M]. FORSYTH D, TORR P, ZISSERMAN A. Computer vision – eccv 2008. Springer Berlin Heidelberg. 2008: 696-709.

[117] Lingqiao L, Lei W, Xinwang L. In defense of soft-assignment coding [C]// in Computer Vision (ICCV), 2011 IEEE International Conference on, 2011, pp. 2486-2493.

[118] Ryoo M S, Chen C-C, Aggarwal J K, et al. An overview of contest on semantic description of human activities (sdha) 2010 [M]. ÜNAY D, ÇATALTEPE Z, AKSOY S. Recognizing patterns in signals, speech, images and videos. Springer Berlin Heidelberg. 2010: 270-285.

[119] Jégou H, Chum O. Negative evidences and co-occurences in image retrieval: The benefit of pca and whitening [M]. Computer vision-eccv 2012. Springer. 2012: 774-787.

[120] Peng X, Wu X, Peng Q, et al. Exploring dense trajectory feature and encoding methods for human interaction recognition [C]// in Proceedings of the Fifth International Conference on Internet Multimedia Computing and Service, 2013, pp. 23-27: ACM, 2013.

[121] Kliper-Gross O, Hassner T, Wolf L. One shot similarity metric learning for action recognition [M]. PELILLO M, HANCOCK E. Similarity-based pattern recognition. Springer Berlin Heidelberg. 2011: 31-45.

[122] Kliper-Gross O, Gurovich Y, Hassner T, et al. Motion interchange patterns for action recognition in unconstrained videos [M]. European Conference on Computer Vision (ECCV) Firenze, Italy. 2012.

[123] Hanani Y, Levy N, Wolf L. Evaluating new variants of motion interchange patterns [C]// in Computer Vision and Pattern Recognition Workshops (CVPRW), 2013 IEEE Conference on, 2013, pp. 263-268.

[124] Peng X, Qiao Y, Peng Q, et al. Large margin dimensionality reduction for action similarity labeling [J]. IEEE Signal Processing Letters, 2014, 21 (8): 1022-1025.

[125] Qin J, Liu L, Zhang Z, et al. Compressive sequential learning for action similarity labeling [J]. IEEE Transactions on Image Processing, 2016, 25 (2): 756-769.

[126] Papoutsakis K, Argyros A. Unsupervised and explainable assessment of video similarity [C]// in British Machine Vision Conference (BMVC 2019), Cardiff, UK, 2019.

[127] Jianchao Y, Kai Y, Yihong G, et al. Linear spatial pyramid matching

using sparse coding for image classification [C]// in Computer Vision and Pattern Recognition, 2009 CVPR 2009 IEEE Conference on, 2009, pp. 1794-1801.

[128] Yang J, Yu K, Huang T. Supervised translation-invariant sparse coding [C]// in Computer Vision and Pattern Recognition (CVPR), 2010 IEEE Conference on, 2010, pp. 3517-3524: IEEE.

[129] Yang J, Yu K, Huang T. Efficient highly over-complete sparse coding using a mixture model [M]. Computer vision-eccv 2010. Springer. 2010: 113-126.

[130] Zhou X, Cui N, Li Z, et al. Hierarchical gaussianization for image classification [C]// in 2009 IEEE 12th International Conference on Computer Vision, 2009, pp. 1971-1977: IEEE.

[131] Yu K, Zhang T, Gong Y. "Nonlinear learning using local coordinate coding," [C]// in Advances in Neural Information Processing Systems, 2009, pp. 2223-2231.

[132] Bishop C M. Pattern recognition and machine learning [M]. springer, 2006.

[133] Mairal J, Bach F, Ponce J, et al. Online learning for matrix factorization and sparse coding [J]. J Mach Learn Res, 2010, 11: 19-60.

[134] Boureau Y-L, Le Roux N, Bach F, et al. Ask the locals: Multi-way local pooling for image recognition, [C]// in 2011 International Conference on Computer Vision, 2011, pp. 2651–2658: IEEE.

[135] Lee H, Battle A, Raina R, et al. Efficient sparse coding algorithms [J]. Advances in Neural Information Processing Systems, 2007, 19: 801.

[136] Wang J, Yang J, Yu K, et al.Locality-constrained linear coding for image classification [C]// in Computer Vision and Pattern Recognition (CVPR), 2010 IEEE Conference on, 2010, pp. 3360–3367: IEEE.

[137] Wang H, Schmid C. Action recognition with improved trajectories [C]// in Computer Vision (ICCV), 2013 IEEE International Conference on, 2013, pp. 3551–3558.

[138] You W, Guo J, Shan K, et al. A novel trajectory-vlad based action recognition algorithm for video analysis [J]. Procedia Computer Science, 2019, 147: 165–171.

[139] Picard D, Gosselin P-H. Improving image similarity with vectors of locally aggregated tensors [C]// in Image Processing (ICIP), 2011 18th IEEE International Conference on, 2011, pp. 669–672: IEEE.

[140] Arandjelovic R, Zisserman A. All about vlad [C]// in Computer Vision and Pattern Recognition (CVPR), 2013 IEEE Conference on, 2013, pp. 1578–1585.

[141] Delhumeau J, Gosselin P-H, Herv, et al. Revisiting the vlad image representation [M]. Proceedings of the 21st ACM international conference on Multimedia. Barcelona, Spain; ACM. 2013: 653-656.

[142] Peng X, Wang L, Qiao Y, et al. Boosting vlad with supervised dictionary learning and high-order statistics [C]// in European Conference on Computer Vision, 2014, pp. 660-674: Springer.

[143] Wu J, Zhang Y, Lin W.Towards good practices for action video encoding [C]// in Proceedings of the IEEE conference on Computer Vision and Pattern Recognition, 2014, pp. 2577-2584.

[144] Peng X, Zou C, Qiao Y, et al. "Action recognition with stacked fisher vectors," [C]// in European Conference on Computer Vision, 2014, pp. 581-595: Springer.

[145] Duta I C, Nguyen T A, Aizawa K, et al. Boosting vlad with double assignment using deep features for action recognition in videos [C]// in Pattern Recognition (ICPR), 2016 23rd International Conference on, 2016, pp. 2210-2215: IEEE.

[146] Perronnin F, Dance C. Fisher kernels on visual vocabularies for image categorization, [C]// in Computer Vision and Pattern Recognition, 2007 CVPR '07 IEEE Conference on, 2007, pp. 1-8.

[147] Jégou H, Perronnin F, Douze M, et al. Aggregating local image descriptors into compact codes [J]. IEEE transactions on pattern

analysis and machine intelligence, 2012, 34（9）: 1704-1716.

[148] Chatfield K, Lempitsky V, Vedaldi A, et al. The devil is in the details: An evaluation of recent feature encoding methods [C]// in BMVC, 2011.

[149] Bergamo A, Sinha S N, Torresani L. Leveraging structure from motion to learn discriminative codebooks for scalable landmark classification [C]// in Computer Vision and Pattern Recognition （CVPR）, 2013 IEEE Conference on, 2013, pp. 763-770: IEEE.

[150] Wang Q, Deng X, Li P, et al. Ask the dictionary: Soft-assignment location-orientation pooling for image classification [C]// in Image Processing（ICIP）, 2015 IEEE International Conference on, 2015, pp. 4570-4574.

[151] Zhou X, Yu K, Zhang T, et al. Image classification using super-vector coding of local image descriptors [C]// in European conference on computer vision, 2010, pp. 141-154: Springer.

[152] Rodriguez M D, Ahmed J, Shah M. Action mach a spatio-temporal maximum average correlation height filter for action recognition [C]// in Computer Vision and Pattern Recognition （CVPR）, 2008 IEEE Conference on, 2008, pp. 1-8.

[153] Soomro K, Zamir A R. Action recognition in realistic sports videos [M]. Computer vision in sports. Springer. 2014: 181-208.

[154] 岑翼刚，王文强，李昂，等．显著性光流直方图字典表示的群体异常事件检测 [J]．信号处理，2017，33（3）：330-337.

[155] Shao L，Zhen X，Tao D，et al. Spatio-temporal laplacian pyramid coding for action recognition [J]. IEEE Transactions on Cybernetics，2014，44（6）：817-827.

[156] Weixin L，Qian Y，Sawhney H，et al.Recognizing activities via bag of words for attribute dynamics [C]// in Computer Vision and Pattern Recognition（CVPR），2013 IEEE Conference on，2013，pp. 2587-2594.

[157] Nazir S，Yousaf M H，Nebel J-C，et al. A bag of expression framework for improved human action recognition [J]. Pattern Recognition Letters，2018.

[158] Chen S，Nevatia R. Large-scale web video event classification by use of fisher vectors [C]// in Applications of Computer Vision（WACV），2013 IEEE Workshop on，2013，pp. 15-22.

[159] Duta I C，Ionescu B，Aizawa K，et al. Spatio-temporal vlad encoding for human action recognition in videos [C]// in International Conference on Multimedia Modeling，2017，pp. 365-378：Springer.

[160] Zuo Z，Organisciak D，Shum H，et al. Saliency-informed spatio-temporal vector of locally aggregated descriptors and fisher vector for visual action recognition [C]// in British Machine Vision Conference，

Newcastle upon Tyne，UK，2018.

[161] Haoran W，Chunfeng Y，Weiming H，et al. Action recognition using nonnegative action component representation and sparse basis selection [J]. Image Processing, IEEE Transactions on，2014，23（2）: 570–581.

[162] Zheng L，Yang Y，Tian Q. Sift meets cnn：A decade survey of instance retrieval [J]. IEEE transactions on pattern analysis and machine intelligence，2018，40（5）：1224–1244.

[163] Lu X，Xu D，Mao X，et al. Feature extraction and fusion using deep convolutional neural networks for face detection [J]. Mathematical Problems in Engineering，2017，（2017–01–24），2017，2017（2）: 1–9.

[164] Alaslani M G，Elrefaei L A. Convolutional neural network based feature extraction for iris recognition [J]. International Journal of Computer Science & Information Technology，2018，10（2）.

[165] Wang H，Oneata D，Verbeek J，et al. A robust and efficient video representation for action recognition [J]. International Journal of Computer Vision，2016，119（3）：219–238.

[166] Hara K，Kataoka H，Satoh Y. Can spatiotemporal 3d cnns retrace the history of 2d cnns and imagenet? [C]// in Proceedings of the IEEE conference on Computer Vision and Pattern Recognition，2018，pp.

6546-6555.

[167] FeichtenHoFer C, Pinz A, Zisserman A. Convolutional two-stream network fusion for video action recognition [C]// in Proceedings of the IEEE conference on computer vision and pattern recognition, 2016, pp. 1933-1941.

[168] Weng Z, Guan Y. Action recognition using length-variable edge trajectory and spatio-temporal motion skeleton descriptor [J]. EURASIP Journal on Image and Video Processing, 2018, 2018 （1）: 8.

[169] Tian Y, Kong Y, Ruan Q, et al. Hierarchical and spatio-temporal sparse representation for human action recognition [J]. IEEE Transactions on Image Processing, 2018, 27（4）: 1748-1762.

[170] Lin B, Fang B, Yang W, et al. Human action recognition based on spatio-temporal three-dimensional scattering transform descriptor and an improved vlad feature encoding algorithm [J]. Neurocomputing, 2018.

[171] 罗会兰, 王婵娟. 行为识别中一种基于融合特征的改进 vlad 编码方法 [J]. 电子学报, 2019, 47（1）: 49-58.

[172] 李庆辉, 李艾华, 崔智高, 等. 采用时空共生特征与改进 vlad 的行为识别 [J]. 计算机辅助设计与图形学学报, 2018（10）: 15.

[173] Zhao Y，Xiong Y，Lin D.Trajectory convolution for action recognition [C]// in Advances in Neural Information Processing Systems，2018，pp. 2204-2215.

[174] 裴晓敏，范慧杰，唐延东. 时空特征融合深度学习网络人体行为识别方法 [J]. 红外与激光工程，2018（02）：46-51.